Mädchen für alles ■

▪ *Annette C. Anton* ist promovierte Germanistin und seit über 20 Jahren in der Verlagsbranche tätig. Von ihr erschienen bisher »Das Handtaschenbuch« und »Was die Welt nicht braucht«.

Annette C. Anton

Mädchen für alles

Wie Sie die
typisch weiblichen Jobfallen
vermeiden

Campus Verlag
Frankfurt/New York

Teile dieses Buches sind in anderer Zusammenstellung bereits in
Raus aus der Mädchenfalle, Bloomsbury Berlin 2006, erschienen.
© 2009 Annette C. Anton

Bibliografische Information der Deutschen Nationalbibliothek.
Die Deutsche Nationalbibliothek verzeichnet diese Publikation in der
Deutschen Nationalbibliografie; detaillierte bibliografische Daten sind
im Internet unter http://dnb.d-nb.de abrufbar.
ISBN 978-3-593-38849-6

Das Werk einschließlich aller seiner Teile ist urheberrechtlich geschützt.
Jede Verwertung ist ohne Zustimmung des Verlags unzulässig. Das gilt
insbesondere für Vervielfältigungen, Übersetzungen, Mikroverfilmungen
und die Einspeicherung und Verarbeitung in elektronischen Systemen.
Copyright © 2009 Campus Verlag GmbH, Frankfurt am Main.
Umschlaggestaltung: Hißmann, Heilmann, Hamburg
Umschlagmotiv: © mauritius images
Satz: Campus Verlag GmbH, Frankfurt am Main
Druck und Bindung: Druck Partner Rübelmann GmbH, Hemsbach
Gedruckt auf säurefreiem und chlorfrei gebleichtem Papier.
Printed in Germany

Besuchen Sie uns im Internet: www.campus.de

Inhalt

Einleitung 11

Alles erreicht und nirgendwo angekommen 15
Die Vorbilder fehlen 20
Frauen auf dem Sprung? 23

1. So schnappt die Mädchenfalle zu 26

Bescheidenheit ist keine Zier 26

Mädchenfächer 27
Dienstwagen? Wie peinlich! 28
Frauen geben sich mit weniger Geld zufrieden 29
Caritas statt Karriere 30
Fleiß ohne Preis 31
»Das mache ich dann lieber selbst« 32
Das Selbstausbeutungs-Gen 34
Nett bis zur Nervenkrise 40
»Wenn du lächelst, bist du schöner« 42
Zickenkrieg hinter den Kulissen 46
Herrenrunde mit Couleurdamen 50
Beispiel PR-Branche: The Velvet Ghetto 58

2. Karriere mit Fehlstart ... 62

Karriere in einer polierten Trugwelt ... 62
Fleißig, ängstlich, ziellos ... 64

Knickfaktoren ... 65
Schwaches Selbstvertrauen ... 65
Flucht in die »Laberfächer« ... 69
Frauen holen nur langsam auf ... 71

Ich bin noch nicht so weit ... 75
Jungs kapieren die Spielregeln, Mädchen nicht ... 78
Sie werden zu Profis, wir bleiben Amateure ... 79

Arbeiten spielen ... 83
Mädchenwelt des »Als-ob« ... 86
Es geht auch anders ... 87

3. Knick statt Kick ... 92

»Ihnen fehlt doch der Biss« ... 92
Summa cum laude und arbeitslos ... 96
Übereifer tut auch nicht gut ... 97
Flucht nach Hause ... 98
Zurück an die Uni ... 99
Keine Unterstützung an der »home front« ... 101

Atmosphäre statt Karriere ... 102
»Werd erwachsen!« ... 105
Mein Leben als Zierfisch ... 109

Wir wollen nicht »nach oben« 111
»Männerdominierte Kultur« 113
Bloß keine Macht 113

Die Rollenvorbilder fehlen 116
Karikaturen von Weiblichkeit 116
Himmelschreiende Blödheit 119

Von der Mädchenfalle in die Mutterfalle 121
»Ich bleibe dann mal zu Hause« 121
Heinz am Herd 124
Unter Berufsmüttern 125
Mütter kontra Nicht-Mütter 127
Kind und Karriere – beides ist möglich 130

4. Kuscheln in der Amateurliga 132

Der Chef als neuer Papa 132
Klare Grenzen ziehen 135
Verlust der Bodenhaftung 138
Angst vor Verantwortung 143

Spielregeln im Job 144
Buddy der Kerle 145
Frauen haben Höhenangst 149

Tussi statt Profi? 152
Regelmäßiger Coolness-Check 154
Viel zu viel Gefühl 156
Heulsusen gehören nicht ins Büro 158
Aufstieg mit Stil 160

Wenn du es eilig hast, gehe langsam 164
Grinsekatzen machen keine Karriere 165
Kompetenzdarsteller 167
Gorillas im Meeting 168
Infozirkel im Herrenklo 174
Mitspielen! 176

Ich Chef, du nix 177

Der Ärger mit den alten Säcken 180
Male bonding 182

5. Auf der Ausrollstrecke 190

Ausgebremst und abgehängt 191

Nichts als Knochenarbeit 195
Angst vor der eigenen Courage 197
Up or out 199

Zurück auf die Rennstrecke! 200

Effektive Netzwerke knüpfen 200
Gekommen, um zu bleiben 203

Raus aus der Mädchenfalle! 205

Trust in us.

Mit einem Dank an alle Heldinnen in der Wirklichkeit für Unterstützung und Inspiration

Einleitung

»Wir brauchen einen neuen Feminismus«, titelte *Die Zeit* im August 2006. Von der 13-jährigen Florine Vollbrecht bis zur 89-jährigen Margarete Mitscherlich zogen 15 gestandene Frauen in diesem Artikel eine sehr persönliche und meist stark ernüchternde Bilanz. Und sehr richtig wird zum gesellschaftlichen Status quo der Frauen hierzulande das eher entmutigende Fazit gezogen: »Die Frauen haben sich angestrengt – die Hälfte von allem haben sie trotzdem nicht. Das liegt an einem Zusammenspiel aus familienfeindlichen Arbeitsbedingungen, Mütterklischees und Männerbünden.«

Und möglicherweise haben sich auch deshalb vor kurzem etliche junge Frauen von den »Alphamädchen« bis zu den »Neuen deutschen Mädchen« ebenfalls nichts Geringeres als die Ausrufung eines neuen Feminismus auf die Fahnen geschrieben – wohl auch als dringend nötige Reaktion auf das dümmliche Frauenbild vom schutzbedürftigen Heimchen am Herd, das uns zuvor eine Eva Herman nahezubringen versuchte.

Neu ist zwar das Selbstbewusstsein, mit dem hier eine Haltung proklamiert wird; und anders als die Postfeministinnen, die ernsthaft der Überzeugung sind, dass Frauen längst alles erreicht haben, nehmen sich diese Autorinnen wieder etwas vor. Aber wie das nun gehen soll mit dem beruflichen Erfolg – oder womöglich sogar der Karriere –, und wie Frauen in Zukunft jenseits der Mutterschaft eine größere gesellschaftliche Rolle spielen sollen, darauf bleiben die Neufeministinnen uns eine Antwort schuldig. Bei der Vereinbarkeit von Beruf und Familie müssen zwar alle ran, vom Lebenspartner bis zum Staat, von dem man bessere Modelle und mehr finanzielle Unterstützung möchte, nur für die Frauen selbst wird ein Umdenken nicht eingefordert. Dabei müssen wir doch bei uns zuerst ansetzen, wenn sich etwas ändern soll.

»Für uns (...) und andere Frauen in unserem Alter, ist die Gleichheit der Geschlechter nicht mehr ein fernes, in der Zukunft zu erreichendes Ziel«, liest man beispielsweise in Jana Hensels und Elisabeth Raethers Buch *Neue deutsche Mädchen* und später: »Es ist nun an den jungen Frauen, an den Mädchen unserer Generation, die Bedingungen einer Teilhabe am Berufsleben ebenso neu zu formulieren wie den Verzicht auf Karriere.«

Im Folgenden wartet man vergeblich auf die »neu formulierten Bedingungen einer Teilhabe«, sondern liest statt dessen um so mehr über den angeblich so freiwilligen Karriereverzicht der jungen Frauen – ach nein, der Mädchen – von heute: »Sie resignieren vor der Wirklichkeit, vor der Arbeitswelt, wie sie sich ihnen im Moment darstellt. Vielleicht weil sie eher bemerken, dass eine erfolgreiche Karriere nicht unbedingt voraussetzt, die Klügste, Beste und Fleißigste zu sein; dass es selten um fairen Wettkampf geht, sondern dass es oft darauf ankommt, sich in Machtspielen zu behaupten. Und dass sie darauf keine Lust haben.«

So erklärte mir unlängst eine sympathische 29-jährige Studentin der Literaturwissenschaft und stolze Absolventin von bereits fünf studienbegleitenden Praktika bei einer Diskussion zum

Thema »Weibliche Karrieren« ganz selbstbewusst, dass Karriere zu machen doch »irgendwie doof« sei und schon deshalb für ihre Generation nicht infrage käme.

Daher weht also der Wind. Aber wann ging es denn bei »der Arbeitswelt« und »der Karriere« je um etwas anderes als um Selbstbehauptung und Selbstermächtigung? Natürlich kommt nicht die »Klügste, Beste und Fleißigste« weiter und kriegt am Ende des Tages ein Bienchen ins Fleißkärtchen gemalt, denn wir sind halt nicht mehr in der Grundschule, sondern *erwachsen*. Und ein erwachsener Mensch richtet sein Leben auch nicht nach dem aus, wozu er gerade »Lust« hat oder was er »irgendwie doof« findet, sondern nach einer ganzen Menge anderer Parameter, unter die dann auch »Notwendigkeiten« gehören. Wer arbeitet und sich jeden Tag in der Arbeitswelt behaupten muss, sei es, um Karriere zu machen oder auch nur um zu bestehen oder – ganz banal – um sich seinen Lebensunterhalt und seine Rentenansprüche selbst zu verdienen, der ist definitiv kein Mädchen mehr.

Die meisten von uns haben gar nicht erst die Wahl des freiwilligen Karriereverzichts in der Hoffnung, dass Mama und Papa auf immer für uns sorgen oder dass ein gut verdienender Märchenprinz herbeigeritten kommt und uns auf Händen trägt – auch finanziell. Wer kein verwöhntes Gör ist, sondern eine ganz normale Frau, muss jeden Tag in den Dschungel dort draußen, weil wir uns oder eine Familie ernähren oder zumindest einen substanziellen Beitrag dazu leisten müssen.

Momentan erleben wir eine weit offene Gehaltsschere zwischen Männern und Frauen in Deutschland und einen lächerlich geringen Anteil von Frauen im Topmanagement oder in Chefetagen. Erschreckenderweise geht dies einher mit einem neuen

Bewusstsein bei den Frauen selbst, die plötzlich proklamieren, dass sie dies genau so wollen: zu Hause bleiben als Hausfrau und Mutter; sich in Jobs einrichten, die sie unterfordern, nur damit sie nicht überfordert sind; Teilzeit arbeiten. Dabei macht es dann im Ergebnis kaum noch einen Unterschied, ob ein solches Argument von einer Eva Herman oder einer Jana Hensel kommt.

Und darum ist dieses Buch ein Gegenvorschlag zum selbstgewählten Karriereverzicht und zum häuslichen Sich-Einrichten in einer unbefriedigenden Situation. Es ist der Aufruf dazu, endlich anzutreten und Verantwortung zu übernehmen, vorher aber das eigene Verhalten und Handeln einer kritischen Prüfung zu unterziehen und notfalls zu ändern. Wir müssen nicht ständig hinter unseren Möglichkeiten zurückbleiben und uns dabei noch einreden, dass das besser für uns ist, wir uns das absichtlich so ausgesucht haben und wir ohnehin die Klügeren sind – und deshalb weiterhin Macht, Einfluss und Karriere den Männern überlassen, die unsere selbst gewählte Beschränkung mit freundlichem Wohlwollen quittieren.

Wer keine Machtspiele mehr will, der muss sie zunächst einmal durchschaut haben, um dann das Spiel *von innen heraus* neu zu definieren und nach und nach die Spielregeln umzuschreiben. Nur so wird sich nämlich etwas ändern – und auch nur, wenn es möglichst viele Frauen in möglichst vielen Branchen und auf allen Hierarchieebenen gleichzeitig tun. Also rein in die Betriebe, Firmen, Büros, und rauf auf die Chefsessel. Wenn wir das Spiel nicht mitspielen, um es allmählich zu verändern, wird sich nämlich garantiert gar nichts ändern, und wir werden auf ewig bleiben, was wir die längste Zeit bereits waren: Mädchen für alles.

Alles erreicht und nirgendwo angekommen

Das gefühlte, individuelle Versagen, das sich aus den Lebensläufen Einzelner herauslesen lässt, entspricht einem messbaren und objektivierbaren Misserfolg unseres Geschlechts. Wir haben alles erreicht, aber wir sind nirgendwo angekommen: Besser ausgebildet denn je, schaffen wir es dennoch nicht auf die Professorenstellen, in die Vorstände und in die Führungsetagen, die nach wie vor zu weit über 90 Prozent mit Männern besetzt sind. Und damit nicht genug: Laut einer EU-Studie (2007) verdienten Frauen in der EU im Jahr 2005 »nur« noch 15 Prozent weniger als Männer, 1995 waren es noch 17 Prozent gewesen. In Deutschland aber ist die Kluft zwischen dem, was Frauen und Männer verdienen, in den vergangenen zehn Jahren von 21 auf 23 Prozent gestiegen! Mit diesen traurigen Zahlen ist Deutschland zusammen mit Estland, der Slowakei und Zypern eines von vier Schlusslichtern in Europa, wenn es um die berufliche Gleichstellung von Frauen geht. Es sieht richtig düster aus: Nach Angaben der EU-Studie arbeiten hierzulande im Niedriglohnsektor 70 Prozent Frauen. Unter den Topverdienern sind sie dagegen kaum vertreten.

Wir Frauen haben alle Chancen, aber wir nutzen sie nicht. Wir studieren weiche Fächer und ergreifen »Frauenberufe«, in denen Männer mühelos an uns vorbeiziehen und unsere Vorgesetzten werden, während wir uns im Mittelfeld unserer beruflichen Möglichkeiten einrichten. Wir haben Angst vor der eigenen Courage, wenn wir Verantwortung übernehmen sollen, und landen schnell außerhalb der hierarchischen Gefechte als Freiberufler, flüchten in die Teilzeit oder rutschen von der Mädchenfalle in die Mutterfalle. Der ehemalige ZDF-Chefredakteur Klaus Bresser wird gerne mit dem Satz zitiert: »Seit ich zu den Entscheidern gehöre, gucke ich mich immer um: Wo bleiben die Frauen, die unsere Jobs wollen?« Herrn Bresser könnte ich vollkommen beruhigen, wenn er diesen Zuspruch von mir denn nötig hätte: Sie brauchen sich nicht umzugucken. Wir sind noch lange nicht in Sicht. Wir bleiben weit hinter dem Horizont, vollauf damit beschäftigt, mit fünfunddreißig Jahren unser viertes Praktikum zu machen, unser zweites Kind zu bekommen oder unseren Aufbaustudiengang »Kulturjournalismus« endlich abzuschließen.

Frauen stolpern über ihre eigenen Füße

Und wir sind nicht cool: Nichts ist leichter, als uns aus der Fassung zu bringen, zu verunsichern oder gegeneinander auszuspielen. Frauen sind weder gelassen noch souverän. Sie nehmen jede Kritik wie einen Angriff auf die Grundfesten ihrer Persönlichkeit, reagieren viel zu emotional und wollen Konflikte auf einer Beziehungsebene lösen, statt sie dem beruflichen Kontext entsprechend auszutragen. Das kommt den Männern sehr zupass, die uns abhängen, ausbremsen oder aus dem Job drängen.

Aber daran allein liegt es nicht, dass wir nach dem Studium oder in unseren Berufen nicht weiterkommen oder sogar scheitern. Vor allem nämlich stehen wir uns selbst im Weg und stolpern über lauter eigenhändig errichtete Hürden. Wir setzen uns keine Ziele, wollen es auch im Job immer nur nett und kuschlig und übernehmen bereitwillig die Rolle der Mittlerin und Moderatorin, weil wir Auseinandersetzungen scheuen. Wir freuen uns darüber, dass man uns Soft Skills wie Kommunikationsfähigkeit und Zuhörenkönnen attestiert, statt dass wir uns die notwendigen Hard Skills aneignen: Durchsetzungsvermögen, Verhandlungssicherheit, Fachwissen, Führungsqualitäten. In den späten 80er Jahren stand in Karriereratgebern für Frauen noch, dass sie am Arbeitsplatz fürs Atmosphärische zuständig seien, und weibliche Führungskräfte gaben in Interviews zum Besten, dass sie in ihren Unternehmen einiges verändert hätten, indem sie im Konferenzraum eine Obstschale auf den Tisch stellten. So viel hat sich seitdem leider nicht verändert. Wir möchten es allen recht machen und haben nie gelernt, wie man konkurriert, ohne fies zu werden oder hintenrum zu agieren. Wir riskieren nichts, wagen wenig und wundern uns, dass wir nie gewinnen.

Ein Job als schickes Accessoire

In unseren postfeministischen Zeiten will keine Frau mehr zugeben, dass die Emanzipation möglicherweise spurlos an ihr vorbeigegangen ist. Eher tut man so, als sei »Emanzipation« ohnehin ein Konzept aus grauer Vorzeit und eine peinliche, längst überholte Angelegenheit, die man bewusst hinter sich gelassen hat. So ist das »Mädchen« von heute nichts anderes als das moderne Pendant zum »Heimchen am Herd« von vorgestern und zum »Frauchen« von gestern. Diese waren ebenfalls unselbstständig, wirtschaftlich von anderen abhängig und brachten es nicht weit – aber wenigstens waren sie erwachsen. In den 1920er Jahren durften Frauen nur dann einer außerhäuslichen Erwerbsarbeit nachgehen, wenn der Mann nicht genug verdiente, um Frau und Töchter zu ernähren. Noch bis 1963 mussten Frauen ihren Ehemann um Erlaubnis bitten, wenn sie berufstätig sein wollten und wurden andererseits zur Arbeit verpflichtet, wenn das Familieneinkommen zu gering ausfiel. Heute können

Frauen selbstständig über ihren Job entscheiden. »Erwerbstätigkeit ist vom Notfall zum anerkannten Normalfall geworden«, konstatiert Barbara Vinken in ihrem Buch *Die deutsche Mutter*. Trotzdem wird bis heute der Job der Frau in den meisten Fällen nicht so ernst genommen – auch von ihr selbst nicht. »Unter der Hand«, schreibt Barbara Vinken, »wird das traditionelle, leicht variierte, keineswegs aber grundsätzlich infrage gestellte Muster um so unbekümmerter fortgeführt.« Kant sagte einmal, »gelehrte Frauen« trügen ihre Bücher so wie ihre Uhr, »nämlich sie zu tragen, damit gesehen werde, dass sie eine haben«. Bildung als zur Schau getragenes Attribut. »Wenn man bösartig wäre, könnte man mit Kant von den Frauen heute sagen, daß sie ihre Berufstätigkeit als Accessoire tragen. Viele Frauen identifizieren sich nicht über ihren Beruf, sondern sie stellen Berufstätigsein zur Schau«, spitzt Barbara Vinken zu. Haare toupieren, Schmuck anlegen, einen schicken Job tragen und den Mann fürs Leben finden – das ist ein Programm für Mädchen, nicht aber für erwachsene Frauen, die im Beruf etwas bewegen wollen.

Colette Dowling schlägt in ihrem Buch *Der Cinderella-Komplex* in eine ähnliche Kerbe: »Es ist so typisch, dass ein junges Mädchen zu seinem Freund ins Auto steigt und sich spazieren fahren lässt. Dieses Klischee scheint sie ihr ganzes Leben lang nicht aufzugeben. Die Frau fährt in der Welt des Mannes spazieren«, zitiert sie einen Wirtschaftsjournalisten. »Wenn die Frau ins Auto steigt, das heißt in die Institution des Mannes einsteigt, dann geht es für sie um eine Spazierfahrt. Sie versucht nicht, ans Steuer zu kommen, etwas auf ihre Art zu tun, etwas zu verändern. Sie versucht nie, an die Macht zu kommen. Diese Abhängigkeit ist eine echte ›Komm-mit‹-Mentalität: ›Komm mit, Jane!‹«

Dowling beschreibt den »Cinderella-Komplex« als ein Netz aus unterdrückten Haltungen und Ängsten, das die Frauen im »Halbdunkel« gefangen halte und die Entfaltung ihrer geistigen und kreativen Kräfte verhindere. »Wie Cinderella warten die Frauen noch immer auf ein äußeres Ereignis, das ihr Leben grundsätzlich verändert«, ist Dowling überzeugt – und zählt sich selbst zur Liga der Cinderellas: »Wir wurden erwachsen – das war es: Sinnlich, intelligent und mit einem Schliff, den nur das Leben in Manhattan bringt, aber in Wirklichkeit blieben wir pubertierende Mädchen, denen der Spinat in den Zahnklammern hing.«

»Das Mädchengetue nervt«

Dowlings Buch ist fast 30 Jahre alt, aber leider immer noch brandaktuell. Denn die heutigen Frauen werden anders wahrgenommen als sie denken. Wenn es schlimm kommt, als eine Kohorte »trotzblöder Kleinkinder«, die in Frauenkörpern stecken. Der zweiundvierzigjährige Journalist Fred Grimm hat ihnen unter dem Titel »Schluss mit süß!« im *Süddeutschen Magazin* vom 17.6.2005 eine Kampfansage erteilt: »Liebe Frauen über fünfundzwanzig, wollt ihr sein wie Grace Kelly oder wie das ewige Girlie? Also zieht euch anständig an, verdreht nicht die Kulleraugen und werdet endlich erwachsen. Das Mädchengetue nervt.«

Das tut es in der Tat. Wie kommen heutige Frauen überhaupt darauf, sich derartig »daneben« zu benehmen? Erwachsen-Sein wird offenbar immer schwerer. Zeitschriften wie *Psychologie Heute* (Heft 4/2001) problematisieren das Thema, der jugendliche *Stern*-Ableger *Neon* lässt das Erwachsenwerden online diskutieren, Soziologen fühlen sich verunsichert: »Wie lange ist ein

Mädchen ein Mädchen?«, fragte etwa Dr. Ursula Nissen, Leiterin des Wissenschaftlichen Referats beim Vorstand am Deutschen Jugendinstitut, München. In den westlichen Gesellschaften hänge die Schwierigkeit, zu definieren, was Kindheit und was Jugend sei, »mit den deutlich veränderten Verhaltensmustern und Handlungsstrategien der jungen Menschen zusammen, die die Grenzen zwischen kindlich, jugendlich und erwachsen verwischen«. Junge Menschen bewegten sich heute in vielen Lebensbereichen in ihren Entscheidungen und Lebensweisen zwischen Jugend und Erwachsen-Sein hin und her.

Die Vorbilder fehlen

Aber muss das mit Mitte 40 auch noch sein? Auf keinen Fall. Das »Mädchengetue« lässt sich zum Glück erkennen und abstellen – an sich selbst und an anderen. Schwieriger ist dann schon die Frage zu beantworten, wodurch man es ersetzt. Grace Kelly war zwar mit zwanzig schon erwachsen, taugt aber heutigen Frauen nicht mehr als Vorbild, weil sie meist nur dekorativ rumstand, kokett daherredete und hübsch aussah. Wie sie sich im Büro benommen hätte, wenn der Chef wieder einmal eines ihrer Projekte abgeschossen hat, wissen wir nicht.

Topmodel statt Vorstandsvorsitzende

Von welchen Vorbildern können wir uns denn überhaupt etwas abgucken, wenn sogar gestandene Frauen als »Mädchen« bezeichnet werden? Angela Merkel ist die bis dato erfolgreichste deutsche Politikerin. Dennoch firmierte sie jahrelang in der Presse als »das Mädchen«. Und als Vorbild für eine Mehrzahl von Frauen kann der entbehrungsreiche Weg von Angela Merkel erst recht nicht herhalten. Was bleibt? Außer einer Hand voll Topmodels, Schauspielerinnen, Fernsehvorzeigefrauen und dem Phänomen Madonna fällt kaum einer Frau ein weibliches Vorbild ein, dem sie nacheifern möchte. (Wobei, dies nur am Rande, das Topmodel Kate Moss 2008 in der US-Ausgabe des Modemagazins Vogue verbreiten ließ, sie fühle sich trotz ihrer 34 Jahre immer noch als Teenager.)

Dies erklärt – unter anderem – den großen Erfolg von Casting-Shows. In der Musikbranche können Mädchen sich noch an Leitbildern orientieren, die ihnen im »richtigen Leben« fehlen. Deshalb wollen sie auch nicht leitende Angestellte werden, sondern Mitglied einer Girls Group. Kein besonders realistischer Karrierewunsch, da die meisten nur ein begrenztes Talent fürs Singen und Tanzen haben und lieber zusehen sollten, wie sie in bodenständigen Berufen reüssieren. Gerade dies gilt den meisten aber gar nicht als erstrebenswert. Bodenständige Berufe sind – so sehen es zumindest die auf Frauen zugeschnittenen Zeitschriften, Bücher und Fernsehserien – überhaupt nicht sexy. Deshalb kommen ganz normale Job-Themen einfach gar nicht vor. Es sei denn, dass sie im Zusammenhang mit »Schminken«, »Mode«, »Mann finden« stehen. Berufstätige Frauen und womöglich gar beruflich ehrgeizige Frauen verschwinden auf diese Weise ganz allmählich aus der öffentlichen Wahrnehmung.

Berufstätige Frauen, die ohne Girlie-Getue und Barbie-Look ihren Weg gehen, verschwinden aus den Medien, den Produkten der Unterhaltungsindustrie und der populären Kultur, werden marginalisiert oder karikiert. Frauen, die ganz offensichtlich

Karriere machen, sei es Angela Merkel oder Sabine Christiansen, werden vor allem auf ihre Frisuren, Kleidung, Schönheits-OPs hin beäugt, und man diskutiert, wie weiblich oder unweiblich sie wirken. Sie werden unendlich viel kritischer beurteilt als vergleichbare Männer und müssen das Dreifache leisten wie diese, um sich überhaupt auf ihrem Stuhl halten zu können. Merkels Gefechte gegen ihre männlichen Parteifreunde, die sie unmittelbar nach der Bundestagswahl 2005 auszutragen hatte, legen hiervon beredtes Zeugnis ab. Noch nie musste ein frisch gewählter Kanzler so sehr für Zusammenhalt und Rückendeckung kämpfen wie diese Frau, die jeder ihrer sogenannten Parteifreunde liebend gerne verraten und fallen gelassen hätte.

Die Mädchenrechnung geht nicht auf

Nicht immer hat das Wort »Mädchen« einen freundlichen Klang. Mit Häme und Schärfe wird die Vokabel garniert, wenn der Erfolg ausbleibt und die Frauen scheitern. Mädchen sind nämlich bloß dann gefragt, wenn sie jung sind und ihr Getue eine gewisse Frische und Unkonventionalität hat. Doch das nutzt sich rasch ab, und dann werden in den Unternehmen die netten Mädchen mit den zu großen Kulleraugen und den zu kleinen T-Shirts schnell als konturlos und austauschbar wahrgenommen, wenn sie bis dahin keine echten Skills und Stärken entwickelt haben. Sie bleiben keinem Entscheidungsträger in Erinnerung und lassen sich jederzeit durch ein jüngeres Modell ersetzen, wenn sie zu alt werden. Ein Schicksal, das uns allen droht, und ein weiterer wichtiger Grund, schleunigst erwachsen zu werden und den Weg aus der Mädchenfalle zu finden.

Frauen auf dem Sprung?

Ein Blick in aktuelle Studien macht sogar Mut: Die Frauenzeitschrift *Brigitte* fand im März 2008 eine neue Generation von »Frauen auf dem Sprung«. Das Wissenschaftszentrum Berlin für Sozialforschung und das Sozialforschungsinstitut infas hatten mehr als 1 000 Frauen zwischen 17 und 19 und zwischen 27 und 29 Jahren befragt. »Die jungen Frauen von heute sind unabhängig, zielstrebig und selbstbewusst«, verkündet *Brigitte*. Finanzielle Unabhängigkeit ist für 85 Prozent der Frauen im Leben wichtig, eine gute Ausbildung für 82 Prozent, Beruf und Arbeit für 77 Prozent. Die typischen Frauenzeitschriften-Themen »Mann fürs Leben« (77 Prozent), »schön sein« (59 Prozent), »guter Sex« (54 Prozent) und »dünn sein« (27 Prozent) stehen also nicht an erster Stelle. »Die jungen Frauen von heute sind sicher: Wir steigen auf, nicht ab«, weiß die *Brigitte*. Na schön, dann wollen wir mal abwarten, ob sich die befragten Damen mit über 30 Jahren im Job tatsächlich behaupten, oder ob sie, wie so viele Frauen vor ihnen und mit ihnen, sang- und klanglos auf irgendeiner Ausrollstrecke versanden oder in der Mutter-Kind-Symbiose verschwinden. Obwohl sie glaubten, das nie gewollt zu haben.

Dieses Buch habe ich geschrieben, weil ich die Mädchenfalle sehr gut kenne. Ich kenne sie, weil sich immer wieder Exemplare der Spezies Mädchen bei mir bewerben und man ihnen auf Dauer im Beruf nicht aus dem Weg gehen kann. Ich kenne sie auch, weil sich blitzgescheite Frauen auf der Karriereleiter immer wieder von mittelmäßig begabten Männern überholen lassen – was nicht sein müsste. Und ich kenne die Mädchenfalle, weil es mich selbst viele Jahre gekostet hat, mich bewusst aus ihr zu befreien.

Diesem Buch liegt zum Teil meine eigene Erwerbsbiografie zugrunde – nicht, weil sie so interessant wäre, sondern weil sie so typisch ist. Es ist also auch ein sehr persönliches Buch. Doch wann immer ich Zahlen, Fakten und Studien zum Thema fand, stützte dieses Material aufs Trefflichste die Rückschlüsse, die ich aus dem Selbsterlebten und -erfahrenen ziehen konnte. Ich stellte fest, dass sich meine Geschichte und die meiner Freundinnen und Kolleginnen vor einem Hintergrund objektiven Materials darstellen lassen. Die Buchbranche, um die es hier im Wesentlichen geht, gilt als eine frauenfreundliche, eher »weiche« Branche. Sie eignet sich gut zur Darstellung, denn sie ist klein und überschaubar, und vieles wird dort gehandhabt wie schon vor fünfzig oder hundert Jahren. Gerade deswegen ist sie auch eine ganz typische Branche, an der sich das Scheitern von Frauen, die Geschlechterdiskriminierung und das Sich-selbst-im-Weg-Stehen gut zeigen lassen. Denn auch hier besetzen Frauen vorwiegend die unteren Ränge und das Mittelfeld, während in den Führungsetagen und auf den Verlegersesseln nahezu ausnahmslos Männer sitzen.

Ich bin überzeugt: Um überhaupt an den Punkt zu kommen, an dem wir in der Lage sind, uns ein Berufs- oder Karriereziel zu stecken, müssen wir nicht nur die Hürden nehmen, die um uns herum errichtet sind, sondern gerade auch die, mit denen wir uns selbst den Kopf verstellen. Denn wir kommen ja nicht nur deshalb nicht auf den sprichwörtlichen grünen Zweig, weil der immer schon von einem bequem darauf herumschaukelnden Mann besetzt ist, sondern ganz oft sind wir uns einfach bloß selbst im Weg.

Wenn ich in meine eigene Biografie hineinleuchte, dann ergibt sich ein recht ernüchterndes Bild: Auf falsche Entscheidungen folgten oft zweite Chancen, dann Entmutigungen und darauf meist eine Sackgasse, aus der ich nicht schnell genug wieder herausfand. Rückschläge wechselten sich mit Phasen des Aufrappelns ab. Geradlinig verlief gar nichts, und die meisten Stolpersteine hatte ich mir selbst in den Weg gelegt. Der Mangel an klaren Zielen und Siegeswillen wird Frauen oft als ein Grund für ihr Scheitern attestiert. Und so habe auch ich erst spät verstanden, dass ich mich in der Amateurliga nicht häuslich einrichten muss, und noch später, dass die Chefs nicht immer nur die anderen sein müssen. Und erst vor kurzem habe ich begriffen, dass echte Coolness uns Frauen weiterbringen wird als jeder Aufbaustudiengang und jede Zusatzqualifikation.

Dieses Buch ist kein Jammerbuch. Es ist auch keine Schmähschrift. Es benennt die eigenen Schwächen und die ganzer Generationen von Frauen – egal, in welcher Branche sie arbeiten. Es soll all jenen Mut machen, denen es ähnlich ergeht wie mir und die einen Ausweg aus der Mädchenfalle suchen. Bestimmt sind es gar nicht so wenige, die sich selbst in den hier geschilderten Situationen wiedererkennen. Das Schöne ist ja: Es ist nie zu spät, das eigene Verhalten zu ändern, wenn man erst mal kapiert hat, woher es kommt und welche Muster ihm zugrunde liegen. Das Buch soll außerdem eine Handreichung sein für diejenigen, die noch ganz am Anfang ihrer Karrieren stehen. Neue Generationen müssen die Fehler der vorangegangenen ja nicht unbedingt wiederholen.

Das Personal dieses Buchs ist frei erfunden, und Ähnlichkeiten mit tatsächlichen Personen sind rein zufällig. Auch das »Ich« ist in Teilen eine Kunstfigur, in die Erfahrungen und Erlebnisse von vielen Frauen mit eingeflossen sind. Allerdings hat sich alles, was in diesem Buch geschieht, irgendwann einmal mit irgendjemandem oder irgendwo so oder so ähnlich zugetragen.

1.
So schnappt die Mädchenfalle zu

Die Mädchenfalle ist eine ganz tückische Falle. Von der einen Seite schlagen individuelle Probleme zu, die bei so vielen Frauen auftreten, dass man auch von kollektiven Ticks sprechen könnte. Ein Übermaß an Bescheidenheit und Fleiß zählen dazu, der Hang zu Perfektionismus und Selbstausbeutung und die völlige Abwesenheit von jeglicher Coolness. Von der anderen Seite reißen uns strukturelle Probleme um: Der Staat mit seinem Steuersystem, das berufstätige Frauen belohnt, die sich mit der Rolle der »Dazuverdienerin« zufriedengeben, die Old-Boys-Networks in den Unternehmen und letztendlich auch der *Feind in meinem Bett*.

Bescheidenheit ist keine Zier

»Zeig, was du kannst!« Stand das in unseren Poesiealben? Wahrscheinlich eher nicht, sondern: »Sei sittsam, bescheiden und rein.« Vielen Dank! So konnten wir Frauen schon frühzeitig lernen, uns selbst herabzusetzen. Und sei es nur, um damit Widerspruch zu ernten und das Gegenüber dazu zu bringen, dass es ein Lob äußert, da ja »Eigenlob stinkt«. Das mussten wir

Frauen uns als Kinder so oft anhören, dass wir gar nicht mehr in der Lage sind, eine Leistung, ein Talent oder eine Errungenschaft selbstbewusst als unsrige zu benennen. Im Gegensatz zu den Männern, die keine Gelegenheit auslassen, in eigener Sache zu werben und auf sich selbst lobend zu verweisen. In falscher Bescheidenheit stellen wir Frauen stattdessen so lange unser Licht unter den Scheffel, bis wir wirklich glauben, dass wir gar nicht so gut sind.

Mädchenfächer

Gerne fangen wir damit schon an, bevor so etwas wie eine Karriere überhaupt losgehen kann: Mit der Wahl des Studienfachs oder Ausbildungsplatzes machen Mädchen häufig den ersten entscheidenden Fehler. Sie trauen sich nichts zu und wählen nach vermeintlicher Neigung »weiche Fächer«, »Mädchenfächer« (also Fächer, die in den letzten Jahren durch die hohe Frauenquote an akademischem Prestige und gesellschaftlichem Status stark verloren haben), und streben Berufe an, die etwas dekorieren oder verschönern statt etwas erfinden, bewegen oder gestalten. Daran hat sich seit Jahrzehnten kaum etwas geändert. Mit einem solchen Berufswunsch wird man aber auch später im Leben nie eine sein, die etwas Bedeutendes in Gang setzt oder eine eigene Idee in größere Zusammenhänge einbringt, sondern immer nur eine, die um etwas Vorhandenes ein goldenes Rähmchen hängt oder an das Werk eines anderen ein Schleifchen bindet. Oder man wird sogar eine, die gar nicht in ihrem Beruf oder ihrer Qualifikation entsprechend arbeitet. Heerscharen arbeitsloser Geisteswissenschaftlerinnen, die unfreiwillig in der

Rolle der Nur-Ehefrau, der Mutterfalle oder in aussichtslosen Umschulungsmaßnahmen feststecken, legen davon ein beredtes Zeugnis ab.

Natürlich können auch Geisteswissenschaftlerinnen vereinzelt in einflussreiche Positionen kommen, sie bleiben aber die Ausnahmen. Die erste deutsche Bundeskanzlerin hat gerade *nicht* Vergleichende Literaturwissenschaften studiert, sondern ein knallhartes naturwissenschaftliches Fach. Und dass unter anderem gerade diese Studienplatzwahl Angela Merkel zu außergewöhnlichem Machtstreben und beruflichen Höchstleistungen befähigt hat, ist sicher keine absurde Behauptung. Es ist klar, dass nicht jede Frau Kanzlerin werden kann oder will, doch ein Job, der »da draußen« tatsächlich etwas bewegt, ist einfach erfüllender. Eine These, die kürzlich wissenschaftlich belegt wurde.

Dienstwagen? Wie peinlich!

Aber viele Frauen wollen ja gar kein Aufsehen erregen, und vor allem, keine Umstände machen. Bloß warum, zum Teufel? Warum halten wir Frauen es für unanständig zu sagen, was wir wirklich wollen, wenn wir es denn wollen: eine anspruchsvolle Tätigkeit, echte Herausforderungen, wirkliche Verantwortung, Macht, Einfluss, Geld – kurzum, einen Warmstart, der uns ganz nach oben katapultiert, wo das auf uns wartet, was wir verdient haben: mehr Macht und Einfluss, mehr Verantwortung, mehr Geld, ein schickes Büro, einen dicken Dienstwagen, Umsatzbeteiligung und eine eigene Sekretärin. Was ist daran denn, bitte schön, verkehrt? Jedem Kerl, der das sagt, klopft man anerkennend auf die Schulter und denkt, der weiß, was er will. Äußert es eine Frau, guckt man betreten zur Seite. Auch wir Frauen untereinander sind meist nicht in der Lage, etwas Derartiges auch nur über die Lippen zu bringen, geschweige denn, ernst zu meinen. Aber wie glauben wir, dass wir es je zu irgendetwas bringen werden, wenn wir noch nicht mal ein paar einfache Ziele und längst fällige Forderungen mit der gebotenen Deutlichkeit zum Ausdruck bringen?

Frauen geben sich mit weniger Geld zufrieden

Eigentlich kein Wunder, dass Frauen so bescheiden verdienen: Wie das Statistische Bundesamt im August 2008 mitteilte, lag der durchschnittliche Bruttostundenverdienst von Frauen in Deutschland (14,05 Euro) im Jahr 2006 um 24 Prozent unter dem durchschnittlichen Bruttostundenverdienst von Männern (18,38 Euro). Die größten Ungerechtigkeiten gab es bei unternehmensnahen Dienstleistungen (Männer verdienten 30 Prozent mehr), im Kredit- und Versicherungsgewerbe (29 Prozent) und im Verarbeitenden Gewerbe (28 Prozent).

Je älter die berufstätigen Frauen, desto größer wird der verharmlosend »Verdienstabstand« genannte Einkommensverlust der Frauen. Bis zum 29. Lebensjahr bekommen Frauen zehn Prozent weniger Geld, ab 35 sind es dann schon 22 Prozent. Erklärt wird das in den Studien mit »schwangerschafts- und mutterschutzbedingten Erwerbsunterbrechungen bei Frauen«. Dann müssten ja alle Frauen, die keine Kinder bekommen, genauso viel verdienen wie die werten Kollegen, oder? Das wage ich zu bezweifeln.

Caritas statt Karriere

Vielleicht ist der »Verdienstabstand« ja auch gar nicht der Rede Wert? Die Höhe des eigenen Einkommens scheint vielen Frauen nicht sonderlich wichtig zu sein. Die eigene Karriere auch nicht, und Ziele im Job erst recht nicht.

Frauen, auch solche, die es bereits weit gebracht haben, nennen als persönliche Ziele im Beruf meist Dinge, die streng genommen keine Ziele sind: »etwas Sinnvolles tun« und »eine interessante und anregende Arbeit ausüben« werden dabei mit Abstand am häufigsten angeführt. Nur jede zehnte Frau will »Macht und Einfluss erreichen«, sich »von der Masse abheben« oder »auf der Siegerseite stehen« (alle Zitate nach Accenture 2002).

Die Zeit brachte zum Weltfrauentag am 3. März 2005 im Politikteil unter der Überschrift »Was ist weiblich?« einen großen Beitrag über Frauen, die es unter lauter Männern in Militär, Politik, Kunst und Kirche ganz nach oben geschafft haben. Der Bereich Wirtschaft fehlte gänzlich und schmerzlich. Und noch eines fiel auf: Trotz der zum Teil sehr beeindruckenden Lebensläufe verband den Großteil dieser Frauen ein karitativer Grundimpuls, also ein Bedürfnis, für Gerechtigkeit in der Welt zu sorgen und den Mitmenschen helfen zu wollen. Nicht der Wunsch nach einem super Job oder nach Macht und Einfluss hatte sie reüssieren lassen, sondern es trieb sie eine nahezu religiöse Motivation, wie beispielsweise der Wunsch nach »Erfüllung«, an. In der Tat scheint dies typisch weiblich. Diese Frauen hatten alle Karriere gemacht, zum Teil auf steile Art und Weise, aber keine wollte es so nennen, und alle verwiesen auf die Inhalte, um die es ihnen bei ihrer Arbeit geht, auf große Konzepte wie »Freiheit«, »Fantasie«, »Disziplin« und – ganz wichtig – auf Werte. Bei fast allen hatte man den Eindruck, ihr Erfolg sei ihnen eher widerfahren, als dass sie darauf hingearbeitet hätten. Nahezu jede von ihnen schien peinlich berührt, dass sie nun jemand nach dem Geheimnis ebendieses Erfolges fragte.

Künftigen Generationen wäre zu wünschen, dass sie diese typisch weiblichen – und überaus bewundernswerten – Karrieremuster mit mehr Aggressivität und Machtwillen und mit weniger Bescheidenheit garnieren. Denn »Bescheidenheit« hat noch keiner von uns auch nur ein Stück weitergeholfen. All die unzähligen Frauen, die es in diesem Land tatsächlich oft gegen enorme Widerstände zu etwas gebracht haben, sollten viel häufiger ins Licht der Öffentlichkeit gerückt werden. Wenn wir sie einmal im Jahr zum Weltfrauentag aus ihrem bescheidenen Eckchen zerren, lassen wir sie wie exotische Ausnahmeerscheinungen wirken oder wie eine »Randgruppe unserer Gesellschaft«, wie Richard von Weizsäcker die Frauen einmal vor etlichen Jahren in einer Weihnachtsansprache genannt hat. Wir sind aber keine Randgruppe. Wir stellen die Bevölkerungsmehrheit. Wir sind mittendrin. Ohne uns geht gar nichts.

Fleiß ohne Preis

Frauen in allen Sparten und Branchen bremsen sich zu Tausenden selbst aus, weil sie an den großen strategischen Gebilden in ihren Unternehmen kein Interesse zeigen und am Gerangel um Macht und Einfluss nicht teilnehmen. Stattdessen vertrauen sie darauf, dennoch Karriere zu machen, weil sie »ihre Arbeit« doch immer so ordentlich erledigen. Zu dieser Arbeit gehört aber eben auch das Strategische und das Politische. Ab einer bestimmten

Hierarchiestufe überlebt man sowieso nur, wenn man seine großen Ziele fest ins Visier nimmt und sich von all dem Kleinkram, der auf einen einprasselt, nicht erschlagen lässt.

»Das mache ich dann lieber selbst«

Frauen können ganz oft weder delegieren noch Nein sagen. Meist fängt es schon damit an, dass Frauen in gehobenen Positionen nicht in der Lage sind, eine tüchtige Assistentin einzustellen, die Post, Anrufe und Mails filtert, die Büroorganisation macht und alles in allem der Führungskraft den Rücken freihält. Männer hingegen finden immer sofort eine solche Perle. Sie hatten ja auch in Gestalt von Mutti jahrelang ein Ideal vor Augen, nur dass im Job nicht Hemden gebügelt und Spaghetti gekocht werden müssen, sondern Unterlagen sortiert und Termine vorbereitet. Männer haben keinerlei Skrupel, diese Dienste von einer Frau mit gleicher Qualifikation entgegenzunehmen. Frauen hingegen haben mit einer solchen Konstellation immer Probleme, und zwar *beide* Seiten.

Klar ist es toll, mit einer waschechten Sekretärin zu arbeiten, schon allein deshalb, weil sie perfekte Telefonmanieren hat, weiß, wie das mit der Wiedervorlage geht, und mit zehn Fingern tippen kann. Aber weder brauchen wir sie, damit sie für den Ehegatten am richtigen Tag ein geschmackvolles Geburtstagsgeschenk besorgt, noch sollte es ein Kriterium sein, dass wir weniger Angst vor ihr haben als vor einer jungen Frau, die die gleiche Ausbildung hat wie wir selbst. Frauen delegieren so ungern, weil sie es eine Zumutung finden, dass eine andere Frau bei gleicher Qualifikation das erledigen soll, was sie selbst nicht machen wollen.

Sorry, falsches Argument: Im Job entscheidet Position und nicht Qualifikation darüber, wer was macht. Zudem reitet Frauen immer der perfektionistische Gedanke, dass sie es selbst ja doch besser machen würden als jede andere.

Akribisch abgearbeiteter Fummelkram

So halsen Frauen sich ständig Berge an Arbeit auf, die sie eigentlich delegieren könnten, auch wenn sie dann bei der Qualität der Ausführung durch andere Abstriche machen müssten. Männer nehmen solche Qualitätseinbußen mit großer Gelassenheit in Kauf. Dann hat eben die Lektoratsassistentin bei der Recherche ein paar grobe Fehler in den Fußnoten nicht gefunden und die Volontärin siebenundvierzig veraltete Autorenviten mit unvollständigem Werkverzeichnis auf die Website gestellt. Na und? Der dafür zuständige Mann hatte dies delegiert, weil sonst das Arbeitspensum nicht zu bewältigen gewesen wäre. Außerdem hätte er – und natürlich auch jede Frau – nach zwölf Stunden des Ohne-Pause-Durcharbeitens wegen mangelnder Konzentration ebenfalls jede Menge Fehler gemacht. Kommt also aufs Gleiche raus (laut männlicher Logik, von der Frauen meist nichts wissen wollen). So oder so muss es nun einer noch mal machen, und da ist es doch allemal besser, das ist nicht *er*. Mit dieser Haltung schaffen es die meisten Männer, ihr Pensum ohne erkennbare Überforderung zu absolvieren und zugleich noch genug Zeit zu haben für das, was sie wirklich weiterbringt: prestigeträchtige Projekte, Hauspolitik, Strategien, Taktiken, Allianzen, die wirklich großen Einfälle, das Netzwerk. Frauen hingegen sind meist getrieben von ihren Deadlines und erledigen pünktlich einen

Wust von kleinteiligem Zeug, vergessen aber darüber, dass sie ein großer Wurf, eine gute Idee viel sichtbarer werden lässt und viel schneller nach oben bringt als haufenweise akribisch abgearbeiteter Fummelkram.

Lebenslänglich Kinderpost

Die große Lust an kleinteiliger Arbeit kannte ich schon als Kind. Erst bekam ich im zarten Vorschulalter einen Kaufladen geschenkt, den ich nach Herzenslust ein- und ausräumen konnte. Ich stellte mich zu den Bassermann-Miniaturbüchsen und den Marzipankartoffeln hinter die Theke, neben Waage und Kasse, und wenn keine Kundschaft in Gestalt mitspielender Kinder kam, dann tat ich eben so, als ob. Ein, zwei Jahre später gab es dann eine Kinderpost, und die gefiel mir noch besser als der Kaufladen, da man immer etwas zu kleben und zu stempeln, zu stapeln, abzuarbeiten oder zu sortieren hatte. Das kleine Glück, das von einer solch emsigen und von allen unbemerkten Arbeit ausgeht, empfinde ich heute noch genauso.

Das Selbstausbeutungs-Gen

Eines scheint uns Frauen unauslöschlich in den Knochen zu sitzen: die Selbstausbeutung. Das Stapeln, Sortieren und Abarbeiten scheint uns einfach wichtiger zu sein als ausreichend Schlaf, erholsame Pausen oder so etwas wie Feierabend. »Das schaffe ich schon irgendwie« ist ein Satz, den wir uns schon früh angewöhnen. Und irgendwie geht es tatsächlich immer. Bis auf den heutigen Tag steckt auch in mir dieser Satz drin, wenn jemand über mein normales, keineswegs geringes Arbeitspensum hinaus etwas von mir will. Hier soll ich noch einen schlecht bezahlten Artikel für eine nicht-kommerzielle Literaturzeitschrift schreiben und dort dem Freund eines Freundes die Doktorarbeit korrigieren? »Klar«, höre ich mich – manchmal zu meinem eigenen Erstaunen – gut gelaunt sagen. »Das schaffe ich schon irgendwie.« Und dann sitzt man da, bis es richtig spät geworden ist, oder an schlimmen Tagen auch schon mal, bis der Morgen graut, und macht, was man sich freiwillig zusätzlich aufgehalst hat.

Dieses Talent zur Selbstausbeutung besitzen nur die allerwenigsten Männer in solch generösen Mengen, wie wir Frauen damit gesegnet sind. Die meisten meiner männlichen Kollegen sind mit ihrer Arbeit nicht etwa dann fertig, wenn diese verrichtet ist, sondern wenn es siebzehn Uhr oder achtzehn Uhr ist oder am Freitag um die Mittagszeit. Ein interessantes Phänomen. Merkwürdigerweise hält man jene Männer aber deswegen nicht für faul oder ambitionslos, sondern sogar für besser organisiert. Diese Selbstausbeutung, der wir uns so bereitwillig hingeben, ist nicht nur typisch weiblich, sondern auch – das muss man leider so konstatieren – im höchsten Maße uncool. Nur Frauen glauben, dass die Welt untergeht, wenn sie ein Protokoll nicht mehr in der Nacht des Sitzungstages runtertippen. Auf eine solche Idee käme weltweit nicht ein einziger Mann. Der weiß, dass er nach ungefähr acht Stunden Arbeitszeit zu seiner Familie, seinen Freunden oder seiner Lebensgefährtin, in den Hobbykeller, ins Squash Center oder einfach nur nach Hause aufs Sofa gehört.

Wenn Frauen zu sehr arbeiten

Frauen sind zudem überzeugt, dass es sie zu besseren Menschen macht, wenn sie ab und an die Sonne vom Bürofenster aus aufgehen sehen oder sie nicht Nein sagen, wenn ein männlicher Kollege ihnen mal wieder einen lästigen kleinen Job als tolle Sache verkaufen will. Obwohl sie es durchschauen, sagen sie Ja, denn irgendjemand muss sich schließlich dafür zuständig fühlen, dass Kaffee und Klopapier gekauft werden oder dass das Geld für die Geburtstagskasse monatlich eingetrieben wird. »Wenn ich es nicht mache, macht es gar keiner!«, erklärte ich das Phänomen meinem mitleidslosen Freund, der sich wunderte, warum ich alle vier bis sechs Wochen einen Sack voll schmutziger Hand- und Geschirrtücher aus dem Büro mit nach Hause brachte, um sie in unserer Waschmaschine zu waschen. »Na und? Dann macht es halt keiner. Dann bleiben sie halt verkeimt und dreckig da hängen.« – »Ist ja eklig«, sagten meine Freundinnen. »*Ich* würde die auch mitnehmen und waschen.« Frauen halt.

Die Crux an der Selbstausbeutung ist, dass man nicht in jungen Jahren damit beginnen und irgendwann einfach wieder damit aufhören kann, denn alle um einen herum gewöhnen sich in Windeseile daran, dass man immer im Einsatz ist und eigentlich kein Privatleben hat, jedenfalls keines, das man nicht beim geringsten Anlass gerne bereit ist, für die Belange der Firma zu opfern. Für einen selbst wird das Ganze rasch zur Sucht. Und allen anderen wird es zur Selbstverständlichkeit, dass es gewaschene Geschirrtücher und eine gefüllte Geburtstagskasse gibt. Ist erst einmal der Weg der Selbstausbeutung eingeschlagen, dann fällt es sehr schwer, zu einem späteren Zeitpunkt wieder die Richtung zu ändern. Zunächst gibt es nämlich jede Menge Lob und Anerkennung für das fleißige Tun, bis die Frauen irgendwann bemerken, dass ihnen ihre Selbstausbeutung mitnichten die Türen nach oben öffnet oder die interessanteren Projekte beschert. Im Gegenteil, man mag solche Mitarbeiterinnen nicht mehr missen und betoniert sie auf dem Job der ewigen Assistentin, akribischen Rechercheurin oder emsigen Zuarbeiterin ein.

Männer hingegen kommen ohne Selbstausbeutungs-Gen zur Welt. Sie können dadurch viel besser mit ihren Kräften haushalten und haben große verborgene Energiereserven in petto, weil sie ja zuvor bei jeder drohenden Mehrbelastung schon dreimal geschrien haben, dass sie *unmöglich* noch mehr arbeiten können, als sie es ohnehin schon tun. Sollte dann tatsächlich einmal mehr Arbeit auch für sie anfallen, schaffen sie diese mit einer gewissen nonchalanten Lässigkeit, während wir in solchen Phasen – innerlich und äußerlich aufgelöst – nicht mehr wissen, wo uns der Kopf steht. Warum Männer trotzdem früher sterben als wir, ist vor diesem Hintergrund vollkommen unverständlich.

Häufig kommt es vor, dass Frauen über Ausbeutung und Selbstausbeutung nicht gerne sprechen, weil sie es entweder normal finden oder sich dafür genieren. So wie meine Freundin Cora.

Beispiel

Cora, die mit ihrem Kollegen Jörn eine Zwei-Mann-PR-Agentur (als kleine Niederlassung einer großen Agentur) betreibt, beschloss an einem Dienstag zu weit vorgerückter Stunde – es war bereits nach Mitternacht, und sie saß seit acht Uhr morgens im Büro –, dass sie einfach so lange weiterarbeiten würde, bis sie die Sache, an der sie gerade saß, abgeschlossen hatte. Zwischendurch legte sie sich für zwei Stunden aufs Bürosofa zum Schlafen, spritzte sich dann etwas Wasser ins Gesicht, putzte die Zähne und machte wieder weiter.

Um neun Uhr morgens – immerhin eine Stunde früher als sonst – kam Jörn angeradelt, der das Büro am Nachmittag vorher »pünktlich« um achtzehn Uhr verlassen hatte. »Ich gehe heute pünktlich«, war einer von Jörns Lieblingssätzen, deren Bedeutung sich Cora nicht erschloss. Zum einen gab es keine festen Arbeitszeiten, und zum anderen verließ Jörn etwa zweimal im Jahr das Büro später als um achtzehn Uhr, nämlich immer dann, wenn er mit seiner Frau ins Kino ging. Jörn kam also herein, sah Cora in denselben Klamotten wie am Vortag am Computer sitzen und sagte: »Hähä, wie siehst du denn aus? Hast du die Nacht durchgearbeitet?« – »Quatsch!«, hörte Cora sich zu ihrer eigenen Überraschung sagen. »Wie kommst du denn auf *die* Idee?«

Als Jörn merkte, dass er voll ins Schwarze getroffen hatte, meinte er beiläufig: »Ach Gottchen, du setzt dich ja ganz schön unter Druck.« Er sagte es in einem Tonfall, als sei das, was Cora da betreibe, unsinnig und überflüssig und als stünde Jörn – genau der Jörn, der in den vergangenen drei Jahren nicht einen einzigen bedeutenden Neukunden akquiriert hatte – haushoch über ihr, der armen Maus im Hamsterrad. Er kam gar nicht auf die Idee, dass jemand tatsächlich die ganze Nacht durchgearbeitet haben könnte, um das PR-Konzept für den neuen Kunden nicht nur pünktlich – ja, hier passt das Wort –, sondern auch so perfekt wie möglich vorzulegen. Jedenfalls kochte Jörn erst einmal einen Kaffee und las in aller Seelenruhe sämtliche drei Tageszeitungen, die Cora um vier Uhr früh durch den Briefschlitz hatte rappeln hören.

Mädchen für alles

Selbstausbeutung kann tief in uns verankert sein, unabhängig davon, ob unser Beruf tatsächlich einen permanenten Ausstoß von Mehrarbeit notwendig macht. Manchmal geht es bei der

Selbstausbeutung gar nicht so sehr ums *Mehr*-Arbeiten, sondern um einen gewissen Drang zum Perfektionismus. Dann reden wir uns ein, wir müssten so viel Zeit auf eine bestimmte Arbeit verwenden, weil nur wir sie so gut hinkriegen und man sie anders unmöglich abliefern kann. Ein bisschen ist das dann wie früher im Handarbeitsunterricht, wo man so lange das Gestichelte und Gehäkelte wieder auftrennen und neu machen musste, bis es ohne Fehler war.

Wer das Selbstausbeutung-Gen hat, der sitzt bis tief in die Nacht am Schreibtisch, opfert seine Mittagspausen und nimmt sich am Wochenende noch Arbeit mit nach Hause, egal, ob das nun wirklich den Erfordernissen des Jobs entspricht oder nicht. Oft geht Selbstausbeutung aber auch einher mit der Ausbeutung durch andere, gegen die wir uns oft gar nicht oder viel zu spät zur Wehr setzen, da wir uns an ausbeuterische Verhältnisse gewöhnt haben oder uns bei der heutigen Arbeitsmarktsituation nicht trauen, dagegen aufzubegehren.

Steigen Sie aus dem Hamsterrad aus

Kennen Sie diese Hamsterrad-artigen Trommeln, die manchmal auf Spielplätzen stehen? Haben Sie ein solches Gerät ausprobiert, als Sie noch ein laufender Meter waren? Dann wissen Sie ja, dass es ganz leicht ist, das Rad in Schwung zu bringen. Reinstellen, langsam loslaufen, dann immer schneller werden, rennen und immer weiter rennen – so einfach ist das. Aber wie stoppt man dieses Ding? Das ist nicht so leicht. Ja nach Naturell kommen Kinder auf zwei Lösungen: Die einen springen raus und schlagen sich die Knie auf. Die anderen versuchen, das Schritttempo zu drosseln, um das Rad zu verlangsamen und schließlich zu stoppen.

Wenn Sie aus dem Hamsterrad der Selbstausbeutung aussteigen wollen, können Sie ganz genauso verfahren. Entweder Sie hören von jetzt auf gleich damit auf: Sie kaufen kein Klopapier mehr, kümmern sich nicht mehr um die Kaffeekasse, würdigen die Spülmaschine keines Blickes mehr und konzentrieren sich ausschließlich auf das, wofür Sie derzeit bezahlt werden. Besser noch: Auf das, womit Sie Ihre nächste Beförderung begründen werden. Machen Sie sich auf absolutes Unverständnis im Büro gefasst, und formulieren Sie schon einmal ein paar Retourkutschen für blöde Bemerkungen aller Art. Vor allem: Passen Sie auf, dass Sie nicht aus Versehen rückfällig werden!

Oder Sie steigen ganz langsam aus. Zuerst gewöhnen Sie sich den Küchendienst ab, dann den Telefondienst für Hinz und Kunz, dann die Sachbearbeitungsjobs, die Ihnen Müller und Meier regelmäßig aufdrücken, und schließlich reduzieren Sie Ihre Überstunden auf genau das Maß, das Ihr coolster Kollege für sich selbst »normal« finden würde. Versuchen Sie's! Sie werden sehen: Es fühlt sich richtig gut an, mal »normal« zu arbeiten.

Nett bis zur Nervenkrise

Kollegen und Vorgesetzte erkennen meist sehr schnell, ob sie in uns eine Dumme gefunden haben, der sie noch rasch Teile der eigenen Workload überhelfen können. Es kostet dann einiges an Überwindung, in einer solchen Situation Nein zu sagen, aber es ist überlebensnotwendig, wenn das erste Praktikum oder Volontariat nicht ein Muster zementieren soll, aus dem sich später bei einer Festanstellung oft nicht mehr ausbrechen lässt. Oder wenn – im schlimmsten Fall – die erste Hospitanz oder die erste richtige Stelle nicht zugleich die letzte gewesen sein soll, weil man an der eigenen Überforderung scheitert. Wichtig ist, bei der richtigen Gelegenheit und im richtigen Moment Nein zu sagen, also nicht gleich beim ersten Anzeichen von Anspannung oder Belastung, aber auch nicht erst, wenn das Zeiterfassungsgerät unsere vielen Überstunden gar nicht mehr registrieren kann.

Das Nein kommt uns Frauen allenfalls auf die Frage »Möchten Sie noch ein Dessert?« leicht über die Lippen; in fast allen anderen Kontexten haben wir längst gelernt, bereitwillig Ja zu sagen. Da helfen nur bedingt Seminare, in denen man Nein sagen in Rollenspielen lernen kann, oder Bücher, die einem beibringen, dass ein Nein ganz schnörkellos und ohne weitere Erklärungen oder Einschränkungen geäußert werden soll. Denn die Wurzeln für die Bereitschaft zum Ja liegen größtenteils in der Kindheit. Wir werden fast ausnahmslos dazu erzogen, »nette Mädchen« zu sein. Wer als Kind zu oft Nein sagt, gilt als garstig, und nur die wenigsten von uns verfügen schon als Elfjährige über genügend Selbstbewusstsein, um dieses Stigma zu ertragen. Sogar während der Pubertät gehen wir meistens noch als »nette Mädchen« durch. Das »Nettsein« mit allem, was dazu gehört, bleibt ein Leben lang als Verhaltensmuster an uns haften. Doch zuweilen kann man im Job nur überleben, wenn man sich aus der Freundlichkeitsfalle befreit.

Mädchen wollen es immer allen recht machen und jedem gefallen. Sogar von knallharten Profis, seien es Kamerafrauen, Chirurginnen oder Börsenanalystinnen, wird letztlich erwartet, dass sie – neben ihrer beruflichen Qualifikation – »nett« sind. Es ist sicher hilfreich, wenn Kellnerinnen, Krankenschwestern, Kindergärtnerinnen oder Vorzimmerdamen nicht nur fachlich qualifiziert, sondern tatsächlich auch liebenswürdig und mit guten Manieren ausgestattet sind. Es ist hingegen ziemlich wurscht, ob eine Gerichtsvollzieherin, eine Laborassistentin oder eine Sachbearbeiterin ohne Kundenkontakt in ihrem beruflichen Kontext »nett« rüberkommt. Kein Mensch würde das von einem Mann erwarten oder gar einfordern, aber Männer wie Frauen erwarten es von Frauen. Umgekehrt würde man keinem Mann einen Strick daraus drehen, wenn er nicht »nett« ist. Im Gegenteil würde es ihn auszeichnen und härter, entschiedener und qualifizierter wirken lassen, je sachlicher er bleibt und mit je weniger »Nettigkeiten« er seine Arbeit garniert.

Probieren Sie es aus: Sie brauchen ja nicht gleich schroff oder unverschämt zu sein. Aber seien Sie doch mal ein bisschen weniger nett. Und zwar genau gegenüber den Personen, von denen Sie als kompetente Fachfrau oder exzellente Führungskraft angesehen werden wollen. Ihr süßes Mädchenlächeln können Sie dann da lassen, wo es hingehört: auf dem Pixifoto.

»Wenn du lächelst, bist du schöner«

Die Freundlichkeitsfalle wurde nicht erst vor kurzem aufgestellt. Claudia Seifert versammelt in ihrem Buch *Wenn du lächelst, bist du schöner!* Interviews mit Frauen, die in den 50er und 60er Jahren aufwuchsen. Eine von ihnen sagt: »Die jungen Männer meines Alters wollten sich nicht von einem Mädchen irritieren lassen, das anscheinend etwas besser wusste als sie. Ein Mädchen sollte hübsch sein, lächeln, schweigen und sich anpassen.

(…) Eine Frau, die zielstrebig ihre Interessen verfolgt, wurde als kalt und berechnend abgelehnt. (…) Ein Mädchen sollte aufgeweckt und fleißig sein, aber nicht zu viel Initiative entwickeln.« So antiquiert dieser Bericht anmuten mag, Teile dieses Rollenbildes sitzen ganz tief und sind auch heute noch für die Zaghaftigkeit und die mangelnde Aggressivität von jungen Frauen verantwortlich, wenn es nach dem erfolgreich absolvierten Studium erstmals ernsthaft um das Erreichen beruflicher Ziele geht.

Könnte das einer der Gründe für das frühzeitige Scheitern von Frauen sein? Dass sie mit dem Einstieg in den Beruf das erste Mal die böse Realität von professionellem Hauen und Stechen kennen lernen und sich angesichts einer damit einhergehenden Überforderung darauf zurückziehen wollen, dass sie die Klügeren sind und schon immer besser abgeschnitten haben? Nur haben sie jetzt das Pech, dass in diesem neuen Kontext, nämlich dem Job, dies niemanden mehr interessiert und am Ende des Tages nur zählt, wer sich noch auf den Beinen halten kann: *Last man standing.*

Junge Frauen treten heute vielleicht insgesamt couragierter auf als damals meine Generation, sie sind taffer und frecher, die Ergebnisse sind aber dieselben wie schon vor zwanzig Jahren: Sie bleiben hoch qualifiziert weit hinter ihren Möglichkeiten zurück. Vielleicht weiter noch als wir damals, die wir wenigstens noch den einen oder anderen feministischen Leitsatz in den Knochen stecken hatten. Immerhin waren Alice & Co. gerade erst für uns auf die Straße gegangen.

Irgendwo auf halber Strecke kauft etwas oder jemand uns den Schneid ab oder nimmt uns den Wind aus den Segeln. Als Resultat davon wollen wir plötzlich nur noch ganz wenig – oder das Falsche. Bei manchen passiert das früher, bei anderen später, aber wirklich gefeit davor sind nur ganz wenige von uns.

Kein Mut zu klaren Worten

Zudem mangelt es uns an der Fähigkeit, andere angemessen zu kritisieren. Immer wollen wir es bloß kuschelig, und direkte Auseinandersetzungen mit den Kollegen scheuen wir ebenso wie deren Kritik an unserer Arbeit. Derartig konfliktscheu und harmoniebedürftig bringt man vielleicht den Sonntag alleine zu Hause auf dem Sofa rum, ganz bestimmt aber nicht einen durchschnittlichen Arbeitstag, der uns dezidierte Entscheidungen ebenso abverlangt, wie etwas deutlich zurückzuweisen oder einzufordern.

Merkwürdigerweise empfinden Frauen klare Worte und eindeutige Anweisungen oft als unfreundlich, persönlich verletzend oder unangemessen, so als ob man im Job den lieben langen Tag zum Kaffeekränzchen zusammenkommt. »Kasernenhofton« oder »Herrenreiterattitüde« jammern sie dann gerne, wenn jemand in ein paar schmucklosen Worten seine Absicht formuliert oder einige Weisungen erteilt hat. Frauen sind so lange viel zu nett, bis sie die Nerven verlieren und plötzlich beleidigt oder schnippisch werden. Aber mit keiner dieser Stilebenen und Tonlagen können die Kollegen im Normalfall etwas anfangen.

Frauen schwanken zwischen übertrieben nett und überraschend pampig und flüchten sich, wenn es konkret werden soll, gerne in die uneigentliche Rede. Absagen beispielsweise verpacken sie oft modifizierend und in viele Fragezeichen. Sie sagen keine deutlichen Sätze wie »Dieser Entwurf ist Mist« (dann folgt sachliche und fundierte Erklärung, warum) und »Das machen Sie bitte noch mal neu, und zwar bis morgen Vormittag um elf Uhr«, sondern verschnörkeln das Ganze lieber. »Da müssen wir irgendwie noch mal ran, fürchte ich. Finden Sie auch? Na ja, eilt ja

nicht, jedenfalls nicht so sehr. Vielleicht morgen um elf Uhr? Aber nur, wenn Ihnen das auch recht ist.« Nett, oder? Ja, aber völlig unangebracht und zudem ebenso kontraproduktiv.
Und eigentlich ist es ganz merkwürdig. Frauen können nämlich ausgesprochen gut Klartext sprechen – aber nur in einer Situation: Wenn sie es mit Kleinkindern zu tun haben. »Nicht auf die Straße rennen!« – »Wasch dir die Hände!« – »Jacken aufhängen!« Solche Kommandos kommen Frauen ganz leicht über die Lippen. Stellen Sie sich also Ihre Mitarbeiter oder Kollegen in der nächsten Situation mal als Hosenmatze vor, und sagen Sie ihnen klipp und klar, was zu tun ist.

Konkurrenz? Nein danke.

Frauen wollen kuscheln, aber sich nicht mit irgendjemandem auseinandersetzen – geschweige denn konkurrieren. Bereits 1986 lieferte Kathryn Stechert in ihrem Buch *Sweet Success* eine kluge Diagnose dieses Phänomens: Frauen missverstehen Konkurrenzsituationen und glauben, sie träten dabei in erster Linie gegen sich selbst an. Aber, so Stechert: »Konkurrenz ist kein Wettstreit mit einem selbst. Es handelt sich um einen aggressiven, manchmal sogar feindlichen Kampf, der notwendigerweise die Niederlage eines anderen mit sich bringt. Männer können das – und blühen dabei auf. Viele Frauen verstehen sich nicht darauf, und durch ihre Schulbildung wird ihre falsche Auffassung verstärkt. Viele Mädchen mögen der Meinung sein, ihre akademischen Leistungen seien konkurrenzfähig, aber es ist tatsächlich möglich, während der Schulzeit gute Noten zu haben und gute Leistungen zu bringen, ohne dabei jemals wirklich zu konkurrieren, ohne sich gegen jemand anderen behaupten zu müssen oder *das Gefühl zu haben*, dass man einen anderen aussticht. Nach Eintritt in das Berufsleben ist das weit seltener der Fall.«

Eine ganz eigenartige Sicht auf das Phänomen des Nicht-Konkurrieren-Wollens liefert Clara Streit, die 2001 bei McKinsey zum Director gewählt wurde – als einzige Frau unter vierzig männlichen Directors – und damit nur noch dem Weltchef des riesigen Beratungsunternehmens unterstellt. In einem Interview mit der *fas* im August 2005 sagte sie, dass Frauen von Männern seltener als Konkurrenten wahrgenommen würden und dies zu ihrem Vorteil nutzen könnten. »Frauen beziehen ihre Stärke daraus, unterschätzt zu werden.« Traurig ist es ja schon, wenn Männer darauf bauen, dass sie Männer sind, und Frauen darauf, dass ihnen keiner etwas zutraut und sie dann in einem unbeobachteten Moment überraschend aus der Deckung kommen. Wenn dies zurzeit noch eine erfolgreiche Taktik ist, um ganz nach oben zu kommen, sei's drum. Es ist immer noch besser, als gar nicht in den vorderen Reihen mitzumischen.

Zickenkrieg hinter den Kulissen

Ich finde: Beruflichen Konkurrenzsituationen sollten Frauen nicht aus dem Weg gehen – erst recht nicht unter ihresgleichen. Sie machen sogar großen Spaß, wenn man erst mal ein bisschen Übung darin hat und begreift, dass es um nichts »Persönliches« geht. Verwerflich hingegen ist der Zickenkrieg, und Frauen verwechseln gerne das eine mit dem anderen. Die Wurzeln dafür, dass Frauen so schlecht mit Konkurrenz umgehen können und oftmals gar kein Rüstzeug haben, das ihnen Wettbewerbssituationen erleichtern könnte, liegen meist in der Kindheit und der Teenagerzeit. Damals – und manchmal sogar noch mit über dreißig – drohte man bei vermutetem Verrat gerne mit dem Satz: »Dann bin ich nicht mehr deine Freundin.« Dieses Muster wird von erwachsenen Frauen häufig in den beruflichen Alltag übertragen, ist dort jedoch kontraproduktiv und deplatziert, da man lediglich miteinander arbeiten soll und nicht »beste Freundin« spielen.

Junge Frauen haben es schwerer als ihre männlichen Altersgenossen, weil sie oft auf die harte Tour lernen müssen, dass es im Beruf nicht mehr so geht wie in der endlos in die Schulzeit und das Studium hinein verlängerten Jugend. Sie müssen sich oft ein vollständig neues Repertoire an Verhaltensformen aneignen. Ihre männlichen Kollegen können hingegen weitermachen wie bisher, denn schon als kleine Knirpse haben sie nicht viele Worte gemacht, sondern ihre Kämpfe mit Fäusten, Stöcken oder Imponiergehabe ausgetragen. Wer gewonnen hatte, war der Boss, und alle anderen mussten ihn anerkennen, konnten aber zu jeder Zeit über Entthronung und Rache nachsinnen. Mädchen hingegen lernen früh, wie man kleine Tricks und Erpressung einsetzt, emotionalen Druck ausübt, Tränen hervorpresst und hintenrum intrigiert. Vorne herum trauen sie sich meistens nichts, weil ihnen ein offensives Verhalten ausdrücklich verboten wird. Statt einmal kräftig (auch verbal) zuzuschlagen und dem anderen deutlich die Meinung zu sagen, kratzen und beißen sie im wörtlichen wie im übertragenen Sinn. Später im Berufsleben sollen sie dann in die Offensive gehen und Konfrontationen aushalten; sie scheitern daran, weil sie es nie gelernt haben. Ihre Verhaltensmuster aus der Mädchenzeit sind zu nichts mehr nütze. Im Gegenteil.

Graben Sie sich also aus Ihren Papierbergen aus. Gehen Sie in Stellung. Zeigen Sie sich! Rufen Sie »Hier!«, wenn herausfordernde Aufgaben verteilt werden und »Nicht mit mir!«, wenn es um öde Jobs geht, die wie Schwarze Peter durch die Abteilung gespielt werden. Zeigen Sie gegenüber Ihren Vorgesetzten ein klares Profil – und mehr noch: Heben Sie sich ab von Ihren Kolleginnen und Kollegen. Nicht, indem Sie diese niedertreten, sondern indem Sie ein überzeugendes Projekt nach dem anderen stemmen und jedesmal laut dazu sagen: »Das habe ich gemacht!« Tun Sie es! Und zwar auch dann, wenn Ihre Kolleginnen darüber die Nasen rümpfen.

Stutenbissig statt solidarisch

Frauen können nicht kämpfen und nicht konkurrieren – merkwürdigerweise halten sie aber auch nicht zusammen. Im Job bekämpfen Nichtmütter die Mütter, weil sie diese für weniger belastbar halten. Umgekehrt glauben Mütter, sie seien besser organisiert, und fühlen sich den kinderlosen Kolleginnen überlegen. Jede neidet der anderen den Erfolg. Immerhin sind 57 Prozent aller gemobbten Frauen Opfer der Attacken ihres eigenen Geschlechts – so eine Studie der Bundesagentur für Arbeit in Nürnberg. Dabei tragen Frauen ohnehin ein 75 Prozent höheres Risiko als Männer, Mobbingopfer zu werden.

Männer halten im Zweifelsfall zusammen. Dieses Zusammenhalten-um-jeden-Preis können Männer nicht etwa deshalb so gut, weil sie so schlau sind (nicht vergessen, *wir* sind die Schlaueren!), sondern weil sie es seit vielen tausend Jahren üben. Viele männliche Errungenschaften, zum Beispiel das Errichten einer Wagenburg oder die Gründung einer schlagenden Verbindung, gehen auf diese früh in der Menschheitsgeschichte erworbenen Verhaltensweisen zurück, die immer nur ein Ziel hatten: dichtmachen, abschotten, keinen teilhaben lassen, der nicht dazugehört. Nicht so leicht erklären kann man leider, warum wir Frauen ein solches solidarisches *bonding* im Beruf nicht einmal ansatzweise praktizieren und seit über hundert Jahren immer nur darüber reden, dass wir das aber dringend sollten.

Irgendetwas lief da eindeutig schief in der prähistorischen Höhle, aus der wir alle gekrochen sind. Dabei hätte das dort so einfach sein können: »Ich passe auf deine Kinder auf, und du pflückst diese genialen Beeren, von denen mein Mann abends immer so schnell einschläft.« Aber nein, die Chance zu echter Solidarität haben wir offenbar in unserer evolutionären Anfangszeit gründlich vergeigt. Freilich ist es nie zu spät, an sich zu arbeiten, damit man das mit der weiblichen Solidarität wenigstens für sich selbst und die Frauen im eigenen Arbeitsumfeld besser hinkriegt als die Generationen vor uns, aber es wird wohl noch gut zweitausend Jahre dauern, bis wir die Männer darin übertreffen werden.

Männer sterben aus – aber das dauert noch eine Weile

Vermutlich kommt uns vorher die Evolution zu Hilfe. Forscher haben nämlich herausgefunden, dass sich die Sache mit dem Y-Chromosom irgendwann von selbst erledigen wird, da es zu nichts nütze ist, außer dazu, den biologischen Unterschied zwischen den Geschlechtern festzulegen. Es gibt eine Insektenart, die kommt bereits ohne Träger des Y-Chromosoms prachtvoll aus. Die Weibchen dieser Tiere zeugen ausschließlich weiblichen

Nachwuchs, und die dazugehörigen Männchen sind seit einiger Zeit ausgestorben. Keine Ahnung, wie die männlichen Exemplare dieser Insekten sich privat aufführten; beim Mann ist ja doch unschön, dass auf seinem Y-Chromosom lauter sinnlose Eigenschaften wie Laut-Schnarchen, Hemmungslos-Rülpsen und Nicht-zuhören-Können sitzen. Aber auch dieser evolutionäre Schritt dürfte noch einige tausend Jahre auf sich warten lassen. So viel Zeit hat keine Frau, also werden wir uns wohl oder übel *on the job* mit Männern einrichten müssen.

Herrenrunde mit Couleurdamen

So finden Frauen sich, ob sie nun unter Entfaltung ihres gesamten Ehrgeizes ganz nach oben wollen oder einfach nur mit Freude arbeiten möchten, über kurz oder lang inmitten von Männerrunden wieder. Wir alle sind Teil eines Herrengedecks, sofern wir nicht in der *Emma*-Redaktion, in einer Damenkapelle oder in einem Frauenhaus arbeiten. Und abends zu Hause? Noch ein Herrengedeck. Denn da erwartet die meisten von uns ebenfalls ein Mann. Von diesem erwarten wir uns nun Zuspruch und Unterstützung, wenn wir gebeutelt von einem normalen Arbeitstag heimkommen und davon berichten, wie wir uns im Geflecht der männlichen Seilschaften behaupten müssen. Das verständnislose Gesicht, in das wir dabei blicken, ist jedoch bloß das eines weiteren Mannes. Und warum sollte der privat und nach Dienstschluss zu Einsicht und Solidarität mit dem weiblichen Geschlecht in der Lage sein, wenn er und seine Kollegen Frauen im beruflichen Kontext ausgrenzen, anfeinden oder ganz subtil diskriminieren?

Da stellt sich in postfeministischen Zeiten natürlich sofort die

Frage: Sind denn die Männer noch immer unsere Feinde? Ja, egal, wie sie sich tarnen, die meisten von ihnen bleiben unsere Widersacher, »verunsicherte Männer« hin und »Metrosexuelle« her. Und bei allen anderen kann es ebenfalls nicht schaden, auf der Hut zu sein. Der Großteil unserer Vorgesetzten und viele unserer Kollegen sind Männer, und es wäre naiv, davon auszugehen, dass dies ausgerechnet mit wohlwollender Unterstützung von Frauen und Respekt gegenüber ihrem Können und ihren Leistungen einhergeht. Wozu sollte das – aus männlicher Binnensicht betrachtet – gut sein?

Der Feind in meinem Bett

Im Privaten ist für uns die Frage wichtig, ob unsere Männer uns auch unter Einsatz aller Kräfte und Gefühle so bei unseren Karrieren unterstützen, wie wir es jederzeit tun würden. Frauen hinterfragen es meist nicht weiter, dass ihr Freund oder Gatte der Boxer ist und sie selbst der Coach, der Arzt, der Trainer, die Ecke, der Eisbeutel und der Punchingball in einer Person. So wurden wir erzogen, so haben unsere Mütter es uns vorgelebt, und daran halten wir fest – Emanzipation hin oder her. Und was genau tun nun die Männer, die wir lieben, für uns?

Beispiel

Vor ein paar Jahren kam meine Freundin Lene, die mit einem klassischen Manager in Nadelstreif und Brooks-Brothers-Hemd verheiratet ist, nach einem Vorstellungsgespräch – ihr erstes nach einer mehrjährigen unfreiwilligen Jobpause, in der sie sich als Freelancer über Wasser hielt – nach Hause und berichtete ihrem Mann Oliver euphorisch davon. Der sagte daraufhin bloß: »Ich weiß nicht, was du dir davon versprichst. Mir klingt das nicht nach einem richtigen Bewerbungsgespräch.« Lene, die mittlerweile wieder ganz gut in ihrer Branche Fuß gefasst hat, war damals am Boden zerstört. Gerade von ihrem Mann, der ihr nun ganz bestimmt nichts neiden musste, hatte sie eine solch missgünstige Bemerkung am wenigsten erwartet. Wochenlang grübelte sie darüber nach, was dahinterstecken könnte. Sie kam zu dem Schluss, dass er vermutlich einfach nur Angst hatte, sein bequemes Leben mit den klar definierten Rollen gegen etwas Komplizierteres eintauschen zu müssen. Denn in seinen Augen war Lene inzwischen die Vollzeithausfrau, und er war der alleinige Versorger. Ihre freiberufliche Tätigkeit zählte für ihren Mann nicht als »richtige Arbeit«.

»Da komme ich mir irgendwie blöd vor, wisst ihr«, erzählte sie Cora und mir, als wir uns zwei Tage nach dem besagten Bewerbungsgespräch auf ein schnelles Bier trafen. »Oliver arbeitet jeden Tag seine zehn Stunden in der Firma und kommt abends vollkommen erledigt nach Hause, und da soll ich dann stehen und sagen: ›Koch dir doch selbst was und bring auch gleich den Müll runter‹? Tut mir leid, das kriege ich einfach nicht fertig, denn von meinem bisschen Geld könnten wir nie so leben wie von Olivers Gehalt, und dafür kann ich doch zumindest den Haushalt machen, oder nicht?« – »Nö, Denkfehler«, meinte Cora. »So kannst du weniger Aufträge annehmen, und Oliver gewöhnt sich noch an diesen Zustand. Am Ende unterstützt er dich nicht einmal, wenn du in den Beruf zurückwillst. Wenn Oliver wirklich so gut verdient, dann stellt doch eine Haushaltshilfe ein.«

Berufstätige Frauen bräuchten eine Ehefrau

Vollzeit arbeitenden Frauen fehlt in allererster Linie jemand, der den Haushalt am Laufen und die Familie zusammenhält. Jemand, der sowohl weiß, wo das Wollwaschmittel aufbewahrt wird und wann die Tochter zum Flötenunterricht muss, als auch putzt, wäscht, kocht, bügelt, saugt, Lebensmittel einkauft, die Sachen in die Reinigung bringt und wieder abholt, der abends ein guter Gefährte und am Wochenende der perfekte Gastgeber ist, ein offenes Ohr für alle großen und kleinen Sorgen hat; jemand, der nicht sauer ist, wenn man nach der Tagesschau auf dem Sofa einschläft, und mit dem man auch in einem kleinen Zeitfenster noch unkomplizierten Sex haben kann, beispielsweise, bevor man morgens zur Arbeit geht. Und das alles vollkommen umsonst, gut gelaunt, sexy und mit einem fröhlichen kleinen Lied auf den Lippen. Kurzum: Berufstätige Frauen bräuchten eigentlich eine Ehefrau. Diesen Missstand hat die Nobelpreisträgerin und Direktorin des Max-Planck-Instituts für Entwicklungsbiologie in Tübingen, Christiane Nüsslein-Volhard, klar erkannt und mit dem Geld, das sie im Jahr 1995 für den Nobelpreis in Medizin bekommen hat, eine Stiftung gegründet. Bis sie einen gewissen beruflichen Erfolgslevel erreicht haben, fehlen jungen Frauen schlicht die finanziellen Mittel, um sich eine Haushälterin, eine Tagesmutter, eine Putzfrau, einen Psychiater und – wahlweise – einen Gigolo zu engagieren. Nüsslein-Volhards Stiftung ermöglicht es jungen Wissenschaftlerinnen über einen Zeitraum von ein bis drei Jahren, sich mit vierhundert Euro monatlich finanziell den Rücken freizuhalten und sich Dienstleistungen zu erkaufen, die ein Mann ohne finanzielle Gegenleistung von seiner Mutter, Ehefrau oder Freundin bekommt – aus Liebe.

Revolte gegen die Rollenverteilung

So großartig und sinnvoll diese Initiative ist, so traurig ist aber auch, dass Frauen sie so bitter nötig haben. Einige meiner Freundinnen haben Partner, die in viel schlechter bezahlten Jobs sind als sie selbst oder sogar arbeitslos und trotzdem glauben, dass es weit unter ihrer Würde sei und zu sofortiger Verblödung führe, wenn sie zu Hause blieben, das bisschen Haushalt schmissen und am Abend über einem liebevoll zubereiteten Steinpilzrisotto und einem kistenweise in den vierten Stock geschleppten Grünen Veltliner zuhörten, wenn die Gefährtin von ihrem Kampf gegen ihren intriganten Vorgesetzten oder den Problemen mit dem Mailserver erzählt. Die Jungs machen das einfach nicht. Sie tun lieber so, als seien sie mit freien Aufträgen und Gelegenheitsjobs total im Stress. Ihr Beitrag zum Bruttosozialprodukt ist null, wir füttern sie klaglos durch, und dennoch kommen sie uns nicht entgegen.

Aus diesen diversen Gründen sollten wir also alle Wortbeiträge des Liebsten zum Thema Karriere und Beruf sofort mit dem Einsatz von Knebeln oder Ohrstöpseln parieren, sofern sie nicht konstruktive Kritik, hilfreiche Hinweise oder rückhaltlose Unterstützung beinhalten. Sätze wie »Soll ich nicht vielleicht die nächsten drei Jahre zu Hause bleiben? Ich kann ja noch mit Lehraufträgen was dazuverdienen?« hören wir gerne, prüfen das Angebot und nehmen es bei Bedarf dankbar an. Auf alles andere können wir getrost verzichten, denn das prasselt von den echten Feinden noch früh genug auf uns ein.

Vor allem aber müssen Frauen die Initiative ergreifen, die Rollenverteilung in ihren Paarbeziehungen überdenken und einiges daran ändern. Sie müssen die Männer auf Versäumnisse aufmerksam machen, Unterstützung im Haushalt konsequent einfordern und notfalls in Streik treten oder mit Sanktionen drohen, wenn sich keine Einigung über ein funktionierendes Modell erzielen lässt. Hier, im Privaten, können Frauen ja viel unmittelbarer Einfluss nehmen als auf die von Männern diktierten und dominierten Arbeitsprozesse und Firmenstrukturen, die sie nur allmählich unterwandern und verändern werden. Am Arbeitsplatz müssen Frauen einfach auch vieles stillschweigend in Kauf nehmen und sich arrangieren. Zu Hause sollten sie das nicht. Dort kann die Revolte beginnen. Von mir aus sofort.

Kommen die »neuen Paare«?

Vielleicht hat sie vielerorts schon stattgefunden? Dies jedenfalls behauptet die Studie »Kinder und Karrieren: die neuen Paare«, die im Auftrag der Bertelsmann Stiftung und des Bundesministeriums für Familie, Senioren, Frauen und Jugend durchgeführt und im Mai 2008 veröffentlicht wurde. Die Pressemitteilung liest sich so, als hätten Artenforscher eine völlig neue Spezies entdeckt: »Es gibt sie: Paare, bei denen beide Partner eine erfolgreiche Berufslaufbahn mit einem erfüllten Familienleben verbinden.« »Hurra!«, möchte man jubeln. »Wo sind sie denn?« Rund 1200 Frauen und Männer wurden befragt. 76 Prozent der Befragten streben eine gleiche Rollenverteilung unter den Partnern an und haben sich für das »Lebensmodell Doppelkarrierepaar« entschieden. »Es ist für sie charakteristisch, dass beide Partner in beiden Welten – der beruflichen und der familiären – zu Hause sind, was sich häufig stabilisierend auf die Partnerschaft auswirkt«, ist in der Studie zu lesen. Insgesamt zeigen sich die Paare mit ihrem Lebensmodell, mit der Entwicklung ihrer Kinder und ihrer Karriere auch sehr zufrieden, gleichzeitig sind etwas mehr als die Hälfte der Mütter (56 Prozent) und etwas weniger als die Hälfte der Väter (47 Prozent) unzufrieden mit ihrer Work-Life-Balance und wünschen sich mehr Zeit für die Familie. Als größte Herausforderungen geben sie die Organisation der Kinderbetreuung und das Zeitmanagement im Haushalt an.

Die »neuen Paare« sind zurzeit politisch gewollt. Bundesfamilienministerin Ursula von der Leyen macht sich für sie stark und will die passenden Rahmenbedingungen für dieses Lebensmodell aufbauen: Elterngeld, Kinderbetreuungsplätze, bezahlbare Dienstleistungen für Familien.

Das ist wirklich neu. »Bundesdeutsche Familienpolitik hat die Frau in ihrer Rolle als Ehefrau und Mutter, nicht aber als berufstätige Bürgerin gefördert«, erklärt Barbara Vinken. »Man denke nur an das unangetastete Ehegattensplitting und sämtliche Versicherungsregelungen, die den Weg der Ehefrau aus dem Beruf heraus subventionieren. Anscheinend finden die Frauen selbst, dass diese deutsche Mode ihnen gut steht, denn sie halten trotz anderslautender Zielvorstellungen unerschütterlich daran fest. Warum sie das tun, ist das Rätsel der deutschen Mutter.«

Männer machen Kinderpause

Tatsächlich haben Elterngeld und die Elternzeit einiges bewegt – vor allem in den Köpfen: Ein Jahr nach der Einführung des Elterngeldes zum 1. Januar 2007 hielten mehr als 80 Prozent der Personalverantwortlichen das Elterngeld für eine gute Sache. Im Jahr 2006 waren es erst 61 Prozent. Ebenfalls 61 Prozent der Personaler unterstützten die Väter, die ihre Berufstätigkeit zwei Monate lang unterbrechen, um sich ihren neugeborenen Kindern zu widmen – 2006 waren es erst 48 Prozent. Dies zeigt eine

Umfrage unter Personalern aus 508 repräsentativ ausgewählten Unternehmen, die das Institut für Demoskopie Allensbach im Auftrag des Bundesfamilienministeriums durchführte.

So bekamen denn auch die Väter von mehr als 100 000 Babys, die 2007 zur Welt kamen, ihr Elterngeld (Quelle: Statistisches Bundesamt). Bezogen auf die insgesamt 685 000 geborenen Kinder entspricht dies allerdings nur einem Anteil von 15 Prozent – also noch kein Grund, in überschwänglichen Jubel auszubrechen. Vor allem nicht im Saarland, wo sich nur sieben Prozent der Männer trauen, in Elternzeit zu gehen. Am fortschrittlichsten ist man in Bremen: Hier gönnten sich 24 Prozent der Väter, die Elterngeld bezogen, sogar zwölf Monate lang Zeit zu Hause. Also, Frauen, auf nach Bremen!

So einfach ist es natürlich nicht. Was Sie aber hier und jetzt sofort ganz einfach tun können: Nehmen Sie Ihr eigenes Leben unter die Lupe. Was stemmen Sie (Karriere, Kinder, Kochen, Einkaufen, Putzen, Waschen, Bügeln, Aufräumen) und was stemmt Ihr Mann (Karriere, TV-Fernbedienung)? Sprechen Sie mit Ihrem Mann über die »neuen Paare« und darüber, dass Sie auch dazugehören möchten. Überlegen Sie sich im Vorfeld ganz genau, welche Aufgaben Sie abgeben wollen. Hören Sie sich seine Vorschläge an. Schlagen Sie gegebenenfalls vor, externe Dienstleister zu beauftragen (Haushaltshilfe, Getränkelieferant, Babysitter, Hemdenservice). Recherchieren Sie vor dem Gespräch schon Namen und Kosten.

Verhandeln Sie mit Ihrem Partner so, wie Sie auch im Job verhandeln (wenn Ihnen das komisch vorkommt, können Sie das vor dem Gespräch ankündigen und damit begründen, dass dieses Thema für Sie von existenzieller Bedeutung ist). Seien Sie sich sicher: Ihr Ansehen wird steigen.

Beispiel PR-Branche: The Velvet Ghetto

So einfach ist es natürlich nicht. Neben den Männern zu Hause machen uns nämlich Mechanismen in der Wirtschaft das Leben schwer, die sich zwar messen, aber rational kaum erklären lassen. Besonders drastisch zeigte sich dies in der sogenannten »Velvet Ghetto«-Studie von 1986, die die geschlechtsspezifischen Gehaltsunterschiede in der US-amerikanischen PR-Branche unter die Lupe nahm. Die Studie zeigte, dass PR-Frauen in vergleichbaren Positionen in vergleichbaren Institutionen mindestens 18,5 Prozent weniger verdienten als ihre Kollegen. Ein Skandal – doch wurden anschließend kaum Stimmen laut, die mehr Geld für gleiche Arbeit forderten. Es wurde vielmehr diskutiert, ob die Feminisierung der PR-Branche den gesamten Berufsstand bedrohe, und man nicht Maßnahmen ergreifen müsse, um ein weiteres Ansteigen des Frauenanteils zu vermeiden. Etwa, indem man den Einfluss der PR-Abteilungen in den Unternehmen erhöht, um so den Beruf auch für Männer wieder attraktiver zu machen. (Stehen Ihnen auch die Haare zu Berge?)

Hierzulande sieht es nicht besser aus. Auch hier lassen sich Frauen in der Public-Relations-Branche aus den Chefsesseln drängen – oder erreichen diese gar nicht erst. Eine im Juli 2005 veröffentlichte Studie der Ludwig-Maximilians-Universität München hat ergeben, dass sich ab einer gewissen Hierarchiestufe die typisch weiblichen Eigenschaften, die Frauen zunächst noch speziell für den PR-Bereich qualifizierten, zunehmend in Eigentore verwandeln. Die Frauen können zwar gut kommunizieren und zuhören, aber darüber hinaus haben sie nichts zu bieten. Der Effekt ist aus anderen Branchen bekannt: Auf den Spitzenpositionen landen fast ausschließlich Männer, die sich selbst als

Manager mit Durchsetzungsfähigkeit und Führungskompetenz begreifen, dementsprechend auftreten, agieren, handeln und verdienen. Die Frauen hingegen sind frühzeitig in die Freundlichkeitsfalle getappt, kommen dort nicht mehr raus und verhungern bei signifikant schlechteren Gehältern auf den unteren Sprossen der Karriereleiter, obwohl ihr Anteil in der PR-Branche 80 Prozent beträgt. Damit ist es in diesem typisch weiblichen Berufsfeld ebenso finster wie in stark männerdominierten Branchen.

»Dort, wo die Männer sind, ist die Macht«, titelte *Psychologie heute* in der Ausgabe vom Januar 2006 und führte aus, dass Frauen hier und heute zwar verstärkt in ehemals männlich dominierte Sparten Einzug hielten, aber erst dann, wenn sich die Männer aus diesen bereits wieder zurückzögen wegen schlechten Arbeitsbedingungen, sinkenden Sozialprestiges, niedrigen Gehältern. Entscheidend ist also nicht der Frauenanteil in bestimmten Berufen, sondern die Qualität der Arbeit und die Verteilung der Geschlechter auf die Hierarchieebenen. Und hier lässt sich branchenübergreifend eine deutliche Segregation erkennen: Für Frauen sind die Karriereleitern kürzer, das heißt, sie erreichen recht schnell das Ende ihrer Aufstiegsmöglichkeiten; Frauen werden weniger rasch befördert als Männer; Frauen in Spitzenpositionen ist weniger Personal unterstellt als Männern in vergleichbaren Positionen. Wir sind zwar in den letzten Jahrzehnten eine Spur präsenter in der Arbeitswelt geworden, haben aber nicht wirklich an Terrain gewonnen.

Das ist auch in der Buchbranche so – eine Branche, die man durchaus auch als »Velvet Ghetto« bezeichnen könnte. Überall Frauen in putzigen Anziehsachen, alles schön kuschelig. Und während die Männer entspannt die Karriereleitern hochgleiten, rutschen die Frauen unter höchster Anstrengung ab. Dann verschwinden sie einfach (in die Familie oder die Freiberuflichkeit), verstauben auf der Ebene der ewigen »Sachbearbeitung« oder versuchen immer und immer wieder, ein paar Sprossen zu erklimmen.

Achtung – Mädchenfalle!

Do:

- Beizeiten überlegen, wo man in fünfzehn Jahren sein will.
- Delegieren lernen.
- Nachfragen lernen.
- Harmoniefalle und Perfektionsdrang vermeiden lernen.
- Nein sagen lernen (für alle diese Dinge gibt es Seminare oder Einzelcoachings).
- Konfrontationen angehen und Konflikte austragen.
- Eine Balance zwischen Termineinhaltung und perfekter Erledigung finden.
- Den Arbeitstag strukturieren und sich eine Selbstorganisation auferlegen.
- Zeit gewinnen für Ideen und Innovationen.
- Feierabend, Wochenenden, Urlaub als Freizeit und Erholungsphasen ernst nehmen.
- Ausreichend viel Zeit in den Partner, die Familie und den Freundeskreis investieren.

Don't:

- Ganz bescheiden mit der eigenen Arbeit und den eigenen Erfolgen umgehen.
- Es nicht schlimm finden, wenn andere sich die eigenen Erfolge zuschreiben.
- Sich alles überhäufen lassen.
- Oft bis in die Nacht hinein arbeiten, weil man während der Bürozeiten mit seinen Aufgaben nicht fertig wird.
- Dem eigenen Perfektionismus erliegen.
- Konflikten ausweichen, weil man sonst einen Standpunkt beziehen und einen Streit aushalten oder austragen müsste.
- Urlaub nehmen, damit man endlich in Ruhe an einem Projekt arbeiten kann.
- Arbeit mit in den Urlaub nehmen.
- Das ganze Leben dem Job unterwerfen.
- Zu Hause nur über Arbeit reden.
- Freunde und Bekannte nur in der eigenen Branche suchen, da man mit anderen Menschen kaum noch Gemeinsamkeiten hat.
- Intrigen anzetteln, um andere in die Pfanne zu hauen.
- Hintenrum agieren, damit man selbst besser dasteht.

2.

Karriere mit Fehlstart

Eigentlich widerspricht es jeder physikalischen Logik: Frauen starten mit großer Energie und laufen in Schule und Universität geräuschlos und superschnell in der Spur, während die Kollegen holpern und stolpern. Dann kommt die Überraschung: Beim Sprung von der Ausbildung in den ersten Job ziehen die Männer geschlossen an ihnen vorbei. Die Frauen landen in miesen Jobs, kommen aus dem Praktika-Karussell nicht heraus oder verharren auf merkwürdigen Positionen, die mehr mit den »Als-ob«-Spielen aus der Mädchenzeit zu tun haben als mit der Arbeit eines richtigen Erwachsenen.

Karriere in einer polierten Trugwelt

Mir und meiner Kollegin Tanja Knessel erging es nicht anders: Das, was wir uns in unseren Mädchenträumen als »Traumjob im Verlag« vorgestellt hatten, war ein einziger Albtraum.

Beispiel

Eine Hauptrolle in diesem Albtraum spielten unsere drei Vorgesetzten, die wir in Verballhornung beliebter Filme der 50er Jahre »Drei Mann in

Not« oder auch »Die Drei von der Denkstelle« nannten. Was insbesondere dann passend war, wenn eine ihrer brillanten Ideen nicht zündete, sie aber fanden, dass dies eigentlich ursächlich Tanjas und meine Schuld sei, da ja in allererster Linie wir beide eine Idee hätten haben müssen, und zwar eine gute. Die Drei von der Denkstelle kassierten bloß die größeren Gehälter; denken, umsetzen, entscheiden und handeln sollten wir.

Dabei tobten sie die eigene Unlust, ihre Angst vorm Umsatzrückgang und erste Anflüge von Midlife-Crisis bei jeder Gelegenheit an uns aus; eine unterqualifizierte und aufmüpfige Sekretärin tanzte uns tagtäglich auf der Nase herum oder ließ uns schlicht im Stich; und unsere Kolleginnen – egal, ob älter oder jünger – konnten ihre Häme kaum verbergen, wenn wir einmal mehr vor versammelter Mannschaft von den drei Jungs an der Spitze in Grund und Boden gestaucht wurden oder eines unserer Bücher sich als ein finanzielles Desaster entpuppte.

Berufliche Anerkennung und ein unaufhaltsamer Aufstieg an die Spitze schienen uns verwehrt, denn da hockten schon die Drei von der Denkstelle, wenig älter als wir, und bewarfen uns mit Steinen, wenn wir uns ihrem Gipfelkreuz auch nur näherten. Und zu Hause gab es ebenfalls keinen Trost. Da warteten bloß ein leerer Kühlschrank und ein zu großes Bett. Für Hobbys hatten wir seit Jahren keine Zeit, und für Sport, einen festen Freund oder auch nur einen Kinoabend fehlte uns jegliche Energie. Also konnten wir auch gleich bis Mitternacht im Verlag sitzen und wenigstens dort verhindern, dass uns alles entglitt.

Viele Frauen haben, genau wie Tanja und ich, jahrelang den Eindruck, auf dem besten Weg zu einer tatsächlichen Karriere zu sein. Doch immer wieder ereignet sich in ihrem Berufsleben etwas, das ihnen entweder das Gefühl gibt, sie stünden erst am Anfang, oder etwas, das ihnen tatsächlich einen kompletten Neustart abverlangt. Ob sich dies jeweils als Knick oder als Kick für ihre Karriere erweist, scheint ganz willkürlich. Nur aus der Distanz betrachtet, verläuft ihr beruflicher Weg geradlinig. Aus der Nähe gesehen, stecken sie in einer Art *reset*-Modus fest.

Fleißig, ängstlich, ziellos

Dabei fängt bei den meisten Frauen alles mit den denkbar günstigsten Voraussetzungen an: Sie haben herausragende Abiturnoten, in Rekordzeit studiert, diverse Praktika absolviert und den Einstieg in den Beruf geschafft. Trotzdem läuft ab einem gewissen Punkt alles schief, und der gerade Weg lässt sich nicht weiter fortsetzen. Ein Grund dafür sind falsche Entscheidungen noch vor dem Karrierestart.

Beispiel

Das beste Abitur in meinem Jahrgang machte auf dem mathematisch-naturwissenschaftlichen Gymnasium, das ich neun Jahre lang besuchte, ein Mädchen (Leistungskurse Physik und Mathematik), von dem ich danach nie wieder etwas hörte. Doch während die Jungs mit den guten Zeugnissen in die großen Universitätsstädte verschwanden und fast ausnahmslos Medizin studierten, wollten die wenigen Mädchen meiner Abschlussklasse »irgendwas mit Sprachen« machen oder lernten trotz guter Abiturnoten Zahnarzthelferin oder Einzelhandelskauffrau. Auch ich stellte meine erste falsche Weiche, indem ich mich zum Studium nur in die nächste größere Stadt bewegte, die grade mal vierzig Kilometer von meinem Heimatort entfernt war. Mein neuer Lebensabschnitt kam mir eigentlich ziemlich ungelegen, denn am liebsten wäre ich weiterhin zur Schule gegangen. Aus schierer Einfallslosigkeit und Ängstlichkeit heraus blieb ich bei meinen beiden Leistungskursfächern Deutsch und Englisch und schrieb mich für Germanistik und Anglistik ein. Ein endloses erstes Wintersemester lang pendelte ich jeden Tag zwischen einer provinziellen Kleinstadt und einer provinziellen Großstadt.

Knickfaktoren

Frauen scheitern oft daran, dass sie sich selbst nichts zutrauen. Auch dieser Knickfaktor hat seine Wurzeln in einer frühen Lebensphase und geht zeitlich einher mit dem Herausbilden eigener Interessen und Wahl bestimmter Schul- und später Studienfächer. In der Adoleszenz nimmt die geschlechtstypische Orientierung zu, und Fachinteressen und Geschlechtsidentität werden in Übereinstimmung gebracht (so die Studie »Geschlecht und Studienwahl« von 2001). Aber in der Teenagerzeit passiert auch etwas, das damit zunächst in keinem Zusammenhang zu stehen scheint: Das Selbstwertgefühl der Mädchen sinkt.

Schwaches Selbstvertrauen

Das Zutrauen zu sich selbst wird in den Sozialwissenschaften auch »Selbstwirksamkeit« (*self-efficacy*) genannt, und definiert als »die Bewertung der eigenen Ressourcen daraufhin, ob sie ausreichen, um wahrgenommene Anforderungen zu bewältigen«. Als wichtigstes Kriterium für die Studienfachwahl, so hat es sich in den letzten fünfzehn Jahren herausgestellt, rangiert die Selbstwirksamkeit, und zwar noch vor Leistung und Einstellung. Und bei Mädchen sieht es da ganz finster aus. Sie haben nämlich eine denkbar geringe Selbstwirksamkeitserwartung in den Bereichen, die Mathematikkompetenz erfordern, also ein gegen null geschrumpftes Zutrauen zu sich selbst. Dafür gibt es unterschiedliche Gründe: Es fehlt ihnen die Erfahrung, in diesem Bereich erfolgreich zu sein, ebenso wie die Gelegenheit, andere Frauen als kompetent zu erleben, und schließlich mangelt es ihnen eklatant an der Ermutigung durch Eltern und Lehrer.

Die lieben Eltern

Eltern schreiben den guten Leistungen ihrer Töchter in naturwissenschaftlichen Fächern signifikant seltener eine berufsrelevante Eignung zu, als wenn ihre Töchter sich in »frauentypischen« Fächern auszeichnen – das zeigt eine Studie aus dem Jahr 1996. Erschütternd ist auch, dass Mädchen seltener als Jungen ermutigt werden, einen naturwissenschaftlich-technischen Beruf zu ergreifen. Laut einer Untersuchung aus dem Jahr 2000 ermutigen nur 13 Prozent aller Eltern ihre Töchter, wo doch immerhin 31 Prozent ihren Söhnen dabei gut zureden. Ganz offensichtlich bestätigen die Lehrkräfte dann die in den Familien gefestigten Rollenbilder. Bloß 3 Prozent aller Lehrer und Lehrerinnen ermutigen Mädchen, einen naturwissenschaftlich-technischen Beruf oder ein solches Studienfach zu wählen, aber 21 Prozent helfen mit Rat und Tat den Jungs bei einer solchen Entscheidung.

Systematische Entmutigung in der Schule

Überhaupt die Lehrer, sie scheinen ebenfalls ein ganz entscheidender Knickfaktor zu sein: Unabhängig von den Schulleistungen halten Lehrkräfte beiderlei Geschlechts Jungen für fähiger, Mädchen hingegen bloß für fleißiger und angepasster (Portmann, *Gleich verschieden*, 1999).

Nach einer solch systematischen Entmutigung durch Elternhaus und Lehrer verwundert es wenig, dass jungen Frauen ganz einfach das Zutrauen zu sich selbst fehlt, das ihnen die Sicherheit geben könnte, sich für ein hartes Studienfach zu entscheiden oder das Studium eines solchen Faches nicht abzubrechen, wenn sich die ersten Misserfolge einstellen. Eine Studie von Renate Kosuch aus dem Jahr 2003 hat ergeben, dass »Schülerinnen ihre mathematisch-naturwissenschaftlichen Schulleistungen unterschätzen und sie nur selten beruflich nutzbar machen«, und weiter, dass »die geringe Motivation junger Frauen, Ingenieurwissenschaften zu studieren, sich nicht auf potenziell geringere Fähigkeiten zurückführen lässt«.

Angst vor Mathematik und Technik

Das Ergebnis liegt klar auf der Hand: Junge Frauen bleiben den Fächern, die Mathematikkompetenz erfordern, also allen naturwissenschaftlichen, ingenieurwissenschaftlichen und technischen Studiengängen und Berufen sowie den Fächern Mathematik und Informatik, in starkem Maße fern, obwohl sie es nach Abiturnoten, Wissen und Können nicht müssten. Studieren wollen sie aber trotzdem. Wo landen sie also? In den Fächern, die wegen des hohen Frauenanteils als inflationär gelten und in den vergangenen zehn bis fünfzehn Jahren einen großen Prestigeverlust erlitten haben. Fächer, die in die Arbeitslosigkeit oder in schlecht bezahlte Jobs führen. Das sind neben den Geistes- und Sozialwissenschaften zunehmend auch Jura, Architektur und Betriebswirtschaft.

Insbesondere die Geisteswissenschaften sind Fächer, die Mädchen aus Perspektivlosigkeit studieren, obwohl sie zufolge einer Untersuchung des Bundesministeriums für Bildung und Forschung aus dem Jahr 2001 sich nur in ganz geringem Maß mit ihren Fächern identifizieren. Von »Wunschfächern« kann also nicht wirklich die Rede sein. Die Höhe des später einmal zu erzielenden Einkommens, die Sicherheit des zukünftigen Arbeitsplatzes und das Erreichen einer Führungsposition sind bei jungen Menschen, die sich für ein Studium der Geisteswissenschaften entscheiden, von untergeordneter Bedeutung. Da sollten sich die Absolventinnen dieser Fächer aber auch nicht über die gesellschaftlich untergeordnete Rolle wundern, die ihre späteren Berufe spielen – falls es ihnen überhaupt gelingt, welche zu ergreifen.

Beispiel

Warum auch ich mir damals trotz sehr guter Noten nicht mehr zutraute, warum ich die Chance eines vollkommenen Neubeginns, wie sie sich nie wieder im Leben so bietet wie nach dem Abitur, nicht nutzte, vermag ich heute nicht mehr genau zu rekonstruieren. Ich glaube, ich dachte ernsthaft, dass ich »das alles« sowieso nicht kann. Ich erinnere mich an den Besuch eines Berufsberaters in der zwölften Klasse, der meinen Berufswunsch »Journalistin« damit abtat, dass das »alle machen wollen« und man »sowieso nie irgendwo reinkommt«. Der hat bestimmt Recht, dachte ich und dackelte nach dieser »Beratung« ratlos und unglücklich nach Hause, wo mir meine Eltern auch nicht weiterhelfen konnten. Und wie auch? In ihrer Generation legten Frauen sich noch dafür ins Zeug, einen Mann zum Heiraten zu finden, und nicht, ein Karriereziel anzusteuern. Zwar war ihnen klar, dass sich das mittlerweile irgendwie verändert hatte, aber wie man nun genau mit einem berufliche Orientierung suchenden Mädchen umgehen sollte, das wussten sie – wie die meisten Eltern damals – beim besten Willen nicht.

Flucht in die »Laberfächer«

Gerne würde ich meine Borniertheit und Verzagtheit, die sicher mehr war als ein individuelles Versagen, meiner Generation zuschreiben, aber so viel anders sieht es heute bei den jungen Frauen gar nicht aus: Zwar haben 2006 erstmals mehr Frauen als Männer ihr Studium abgeschlossen (51,6 Prozent, 1995 waren es erst 41,2 Prozent). Aber noch immer studieren die meisten Mädchen Geistes- und Sozialwissenschaften, und der Anteil junger Frauen unter den Absolventen ingenieur- oder naturwissenschaftlicher Studiengänge steigt, ist aber trotzdem nach wie vor gering: Im Jahr 2006 gab es 22,5 Prozent Absolventinnen bei den Ingenieurwissenschaften (1995 waren es erst 14 Prozent). Mathematik und Naturwissenschaften schlossen 40,3 Prozent Frauen ab – so die Hochschulstatistik des Statistischen Bundesamtes. Zum Vergleich: In den Fächern Kunst und Kunstwissenschaften gab es 66 Prozent Absolventinnen, in den Sprach- und Kulturwissenschaften sogar 77,1 Prozent.

Bei den Studienanfängerinnen zeigt sich ein ganz ähnliches Bild wie bei den Absolventinnen: Laut Hochschul-Informations-System (HIS, Hannover) waren 2006 ebenfalls mehr als die Hälfte der Studienanfänger an Universitäten weiblich. Noch bis 1990 hatte sich der Anteil der Frauen lediglich zwischen 42 und 46 Prozent bewegt. Von dieser Entwicklung sind laut HIS alle Fächergruppen geprägt, wenn auch in unterschiedlichem Maße: Besonders hoch ist der Frauenanteil traditionell in den Lehramtsstudiengängen (2006: 71 Prozent) und Sprach- und Kulturwissenschaften/Sport (70 Prozent). Mittlerweile ist aber auch in den Fächergruppen Medizin, Kunst und Agrar-, Forst-, Ernährungswissenschaften die große Mehrheit der Erstsemester weiblich. Besonders in der Medizin hat sich der Frauenanteil in den letzten dreißig Jahren deutlich erhöht: Anfang der 70er Jahre stellten die Frauen lediglich ein Drittel der Studienanfänger, Anfang des neuen Jahrtausends sind es bereits mehr als zwei Drittel. (Gleichzeitig werden die Arbeitsbedingungen der Ärzte immer schlechter, das Prestige sinkt – hier entsteht offenbar ein weiteres Velvet Ghetto.)

In den Ingenieurwissenschaften liegt das Geschlechterverhältnis an Universitäten immer noch bei lediglich 1:5. In den ebenfalls deutlich häufiger von Männern gewählten Fächern Mathematik und Naturwissenschaften sind mittlerweile 41 Prozent der Erstimmatrikulierten weiblich – was nicht zuletzt auf den hohen Frauenanteil im Fach Biologie zurückgeht (ein Fach mit durchaus mittelmäßigen Berufsperspektiven).

Vergleichsweise gering sind die geschlechtsspezifischen Unterschiede heute bei der Wahl der Fächergruppe Rechts-/Wirtschafts- und Sozialwissenschaften. Seit 1972 hat sich hier der Anteil der Studienanfängerinnen nahezu kontinuierlich erhöht und im Resultat von 23 Prozent (1972) auf 47 Prozent (2006) mehr als verdoppelt. (Das Prestige der Juristerei ist parallel dazu gesunken).

Trotz besserer Abiturnoten flüchten sich Mädchen noch immer in die Fächer, die als einfacher gelten und die auf meinem Gymnasium damals abwertend »Laberfächer« genannt wurden, weil man dafür – der gängigen Jungsmeinung zufolge – außer labern, also viel und redundant auf eher niedrigem Niveau reden, nichts können musste. (Übrigens gilt inzwischen nicht nur »labern« als »weibisch«, »uncool« und »unmännlich«, sondern einer neuen Untersuchung zufolge auch das Lesen, sodass man in der Zukunft wohl überwiegend mit männlichen Analphabeten wird rechnen müssen.) Nach wie vor sind diese schlecht beleumundeten Fächer die erste Wahl, wenn junge Frauen sich einen Studienplatz suchen. Und das, obwohl die Ausdifferenzierung der Geschlechter, was die Schulnoten, das konzentrierte Lernen und den IQ angeht, heute viel deutlicher ausfällt als noch zu meiner Zeit.

Frauen holen nur langsam auf

Mädchen lassen heutzutage die Jungs in der Schule weit hinter sich. Mittlerweile studieren mehr junge Frauen als Männer eines Jahrgangs; Frauen promovieren mit größerer Selbstverständlichkeit als noch vor zehn, zwanzig oder gar dreißig Jahren; sie machen Praktika, sie qualifizieren sich und finden den Weg in einen Beruf. Aber besetzen sie im entsprechenden Proporz Chefsessel? Leiten sie börsennotierte Unternehmen, sitzen sie in Aufsichtsräten und wichtigen Gremien, haben sie C4-Professuren, werden sie Wirtschafts- oder Außenministerin oder Bundespräsidentin? Sind sie auch nur annähernd ausreichend an Macht und Einfluss – wirtschaftlicher, politischer, kultureller, wissenschaftlicher Art – beteiligt?

Nein, ganz und gar nicht. Zahlen nannte die Deutsche Forschungsgemeinschaft (DFG) anlässlich ihrer Jahrespressekonferenz 2008: Nur 40 Prozent aller Promotionen entfallen auf Frauen. Nach der Promotion öffnet sich diese Schere noch weiter: Der Anteil der Habilitandinnen lag 2006 bei knapp über

20 Prozent, und nur rund 10 Prozent der Professuren auf C4- und W3-Ebene sind von Frauen besetzt. Schwacher Trost: Laut Statistischem Bundesamt hat die Gesamtzahl der Habilitationen im Zehn-Jahres-Vergleich (1998–2007) um 2 Prozent abgenommen, die Zahl der von Frauen erlangten Habilitationen stieg dagegen kräftig – um 56 Prozent.

In der Wirtschaft sieht es genau so düster aus: Nach Analysen des Instituts für Arbeitsmarkt- und Berufsforschung (IAB) sind Frauen unter 30 Jahren mit 43 Prozent noch annähernd ähnlich stark in Leitungspositionen vertreten wie Männer im gleichen Alter. Ihr Anteil sinkt jedoch bis zum Alter von 40 Jahren auf knapp über 20 Prozent und bleibt dann auf niedrigem Niveau. Insgesamt stellt das IAB fest, dass um so seltener Frauen auf dem Chefsessel sitzen, je größer das Unternehmen, und je höher die Hierarchieebene angesiedelt ist. In Großkonzernen seien Vorstände und Aufsichtsräte fast ausschließlich männlich. Frauen gelinge es eher, in kleinen und mittleren Unternehmen Führungspositionen einzunehmen: So wird ein Viertel der Kleinstbetriebe mit bis zu neun Mitarbeitern von Frauen geführt. Na toll.

Solange es noch um gute Noten und emsige Fleißarbeit, ums Büffeln, Studieren und Lernen geht, haben wir die Nase vorn. Kaum müssen wir uns aber bewähren, den beruflichen Einstieg finden oder in einem Beruf »unseren Mann stehen« – wie es gleichermaßen abgedroschen und doch richtig heißt –, da verschwinden wir wie die weibliche Hauptfigur in Ingeborg Bachmanns *Malina* in der Wand und schlagen in den Statistiken, die Manager, Direktoren und Vorstände erfassen, nicht mehr wesentlich zu Buche.

Beispiel

Warum sollte es mir anders ergehen? Immerhin war ich nicht nur fleißig, sondern auch so mutig, einen zweijährigen Studienaufenthalt im Ausland zu wagen. Ich machte am anderen Ende der Welt in Windeseile einen Abschluss und kehrte fünf Zentimeter größer zurück nach Deutschland. Vor dem frauentypischen ungebremsten Fall durch sämtliche rosaroten Wölkchen nebst hartem Aufprall auf dem Boden der Realität, die uns Studienabgängerinnen geisteswissenschaftlicher Fächer nichts Substanzielles zu offerieren hat, feite mich das aber nicht. Ich war mittlerweile erstklassig ausgebildet und im Rahmen meiner Fächer hoch qualifiziert – aber ich hatte nicht die leiseste Vorstellung, wie es nun weitergehen sollte.

Der erste Job ist der größte Stolperstein

Spätestens jetzt, auf der prekären Schwelle zwischen Studium oder Ausbildung und erstem »richtigen« Job, überlassen wir das Feld den Männern, auch – oder gerade – denen, die ein schlechteres Abitur hatten, fast durchs Vordiplom oder die Magisterprüfung gefallen wären und bei Gruppenreferaten froh waren, dass wenigstens wir Frauen gut vorbereitet waren und sie mit durchzogen. Warum sind dann aber genau diese Typen am Ende in der engeren Wahl für die wenigen angebotenen Stellen, während die jungen Frauen irgendwo auf halber Strecke verloren gingen, obwohl sie schneller studiert, Auslandssemester und Praktika absolviert haben und einen makellosen akademischen Werdegang vorlegen können?

Unsere defensive Haltung geht einher mit der schon immer kräftig durch Elternhaus und Lehrer geförderten Selbstüberschätzung der männlichen Spiel- und Klassenkameraden und wirkt sich bei der ersten Bewerbung – nach erfolgreich abgeschlossenem Studium einer geisteswissenschaftlichen Fächerkombination und diversen Praktika – erneut als Knickfaktor aus.

Männer riskieren dummdreiste Bewerbungen

Wird bei einer Stellenausschreibung für eine Lokalzeitung ein/e Kulturredakteur/in (Alter unter dreißig Jahre) gesucht, mit abgeschlossenem Hochschulstudium, mehrjähriger einschlägiger Berufserfahrung bei renommierten Zeitungen oder Zeitschriften, Auslandserfahrung, Kenntnissen dreier Fremdsprachen in Wort und Schrift, meisterhafter Beherrschung von Word, Excel, Adobe, PowerPoint und QuarkXpress, Verhandlungssicherheit, Teamgeist und Flexibilität sowie einigen Arbeitsproben, die einem auch eine Nominierung für den Pulitzer-Preis eingebracht hätten, dann kann man sich sicher sein, dass sehr viele dafür qualifizierte Frauen sich nicht bewerben werden. Weil sie in Französisch in der zwölften Klasse nur eine Drei hatten. Weil sie mit Excel noch nicht so richtig schnell sind. Weil sie erst ein Jahr Berufserfahrung haben, wenn sie die zweieinhalb Jahre, die mit Praktika und Volontariaten vergingen, nicht mitzählen. Und die kleinen Artikel, die man während einer Hospitanz bei der *FAZ* und der *taz* geschrieben hat, findet man inzwischen auch nicht mehr richtig gut.

Männer hingegen gehen ganz anders an die Sache ran: Immerhin ist man nach dem Studium vier Monate durch Asien gereist und hat dort ab und an gejobbt – kann als Auslandserfahrung gelten. Gearbeitet im redaktionellen Bereich hat man noch nie, aber das steht in solchen Bewerbungen ja immer drin, dass man »einschlägige Berufserfahrung« braucht. Kann man also getrost ignorieren. Außer Englisch – mehr schlecht als recht – kann man keine einzige Fremdsprache, aber das werden die schon nicht überprüfen, wenn man noch »Schwedisch« und »Spanisch« mit angibt und »Grundkenntnisse in Thai«. Den ganzen Computerkram beherrscht man aus dem Effeff, auch wenn man mit Quark noch nie was zu tun hatte. Kann so schwierig nicht sein. Das Feuilleton der Zeitung hat man in der Vergangenheit immer gleich ungelesen über den WG-Tisch an die Frauen weitergereicht und sich nur für den Sportteil interessiert, und eigentlich wäre man ohnehin viel lieber bei einem Fernsehsender.

Kurzum, man ist mit seinen dreiunddreißig Jahren für diese Stelle, die man gar nicht wirklich will (so ein ödes Provinzblatt), super qualifiziert und kann mal eine Bewerbung abschicken. Die gewünschten Arbeitsproben schustert man schnell zusammen, indem man sie sich nächtens vom versammelten Freundeskreis schreiben lässt. Na hoppla, da haben die einen doch glatt genommen. Und das bei über vierhundert Bewerbern. Wohl weil man so interessant und weltläufig von seinen Erfahrungen in Hongkong erzählen konnte und die zweiwöchige Hospitanz am Stadttheater Pinneberg noch entsprechend aufgebauscht hat. Da kann die Konkurrenz nicht sehr beeindruckend gewesen sein. Zu einem Gespräch eingeladen wurden nur elf weitere BewerberInnen (haha), und davon hat man ja drei oder vier gesehen. Hockten so verhuscht auf dem Flur herum. Vollkommen andere Liga.

»Ich bin noch nicht so weit«

Bei Frauen, die sich bewerben sollen und wollen, herrscht ständig die feste Überzeugung vor, sie seien noch nicht so weit, sie müssten sich erst noch weiterqualifizieren, das Leben mit seinen unendlichen beruflichen Möglichkeiten läge erst hinter der nächsten Biegung des sonnigen Weges, wenn man noch ein Praktikum gemacht, noch etwas gelernt, noch einige Jahre gearbeitet, noch etwas Wichtiges begriffen hat. Es ist wie damals im Freibad, als man acht Jahre alt war und gerade schwimmen konnte. Mädchen wagten sich zaghaft und nur unter Aufsicht vom Nichtschwimmer- in den Schwimmerbereich und wippten ab und an vorsichtig auf dem Einmeterbrett, aber ohne abzuspringen. Die Jungs hingegen kletterten, ohne viel nachzudenken, und mit einer gehörigen Portion Dummdreistigkeit den Sprungturm bis zum Zehnmeterbrett hoch und sprangen einfach runter. Sie überwanden unter einer Art Gruppenzwang kurzerhand ihre Angst, und die Folgen des ersten Sprungs und das Geschrei des Bademeisters waren ihnen vollkommen egal. Am Ende des Sommers konnten sie alle besser schwimmen als wir – und keiner von ihnen hatte mehr Angst vorm Sprung aus großer Höhe.

Freilich gibt es in Zeiten hoher Arbeitslosigkeit nur ganz wenige Stellen für Berufseinsteiger, und um diese tobt ein erbitterter Kampf. Umso wichtiger ist es aber, dass gerade die weibliche Hälfte der Generation P versteht, dass sich das ganze Rumgetrödel beim Studium nicht auszahlt, da sich das Leben ja nach hinten hinaus nicht einfach um diese verplemperte Zeit verlängert, auch das Arbeitsleben nicht. Je mehr Zeit man also in Hospitanzen und schlecht bezahlten *odd jobs* vertut, desto weniger Lebenszeit bleibt, um qualifiziert zu arbeiten und Karriere zu machen, oder auch nur, um dort im Job zu landen, wo man mit einem hohen Grad an Erfüllung und mit möglichst wenig Frust arbeitet – von der Rente ganz zu schweigen, die entsprechend gering ausfällt, wenn man sehr spät mit dem Erwerbsleben beginnt. Die Generation P verlängert – befördert durch die schlechte Situation am Arbeitsmarkt – die Phase der Unmündigkeit, der Abhängigkeit und der Ausbeutung unendlich über die Jugend hinaus, bis weit ins Erwachsenenalter hinein. Auch nicht mehr ganz so junge Männer finden oft einen überraschend kreativen oder pragmatischen Ausweg aus der Situation des Nicht-aus-dem-Knick-Kommens. Frauen jedoch entscheiden sich in vielen Fällen für ein Szenario, das schon ihre schlechter oder gar nicht ausgebildeten Mütter, Großmütter und Urgroßmütter ganz ohne Hochschulstudium gefunden haben: die Versorgerehe. Mädchen, Frauen, das kann doch unmöglich schon alles gewesen sein?

Statt zu begreifen, dass nach dem Studium endgültig ein neuer Abschnitt beginnt, bewahren sich die meisten von uns das Lebensgefühl von Kindheit, Schul- und Unizeit noch in den ersten Berufsjahren. Das Irgendwie-erst-mal-Machen, anstatt nach einem Plan und mit einem Ziel vor Augen vorzugehen, wird zum Prinzip für den Berufsstart und oft für die gesamte weitere Laufbahn. Falls es überhaupt so weit kommt. Für viele Studienabsolventinnen bricht nach dem Studium nämlich erst mal eine Art Interimsphase an, die – wenn es dumm läuft – den Rest des Lebens andauern kann. Von vielen dreißig- bis fünfunddreißigjährigen Geisteswissenschaftlerinnen, die noch ohne Job sind, hört man heute, dass sie gerne »etwas mit Büchern« oder »irgendwas in den Medien« machen würden, dabei sind sie zuweilen bereits älter als die, bei denen sie sich bewerben. Das Gefühl, dass sämtliche Züge längst ohne sie abgefahren sein könnten, stellt sich bei ihnen selten ein, denn man kommt ja über die Runden, kellnert hier ein bisschen, übersetzt dort hin und wieder einen Artikel, und die Eltern sind ja auch noch da, falls es mal wirklich klemmt. Merkwürdigerweise scheinen sich aber genau in dieser Zeit, während wir Mädchen noch so herumeiern – uns zum einen zu nichts entschließen können, zum anderen wirklich keine Angebote haben –, die Jungs ein paar Gedanken mehr als wir zu machen.

Vielleicht haben sie das während ihres Studiums der Betriebswirtschaft oder der Luft- und Raumfahrttechnik gelernt, das sie trotz eher schlechter Mathematik- und Physiknoten begonnen und irgendwie erfolgreich zu Ende gebracht haben. Keine Ahnung. Auf alle Fälle können sie es plötzlich und wir nicht. Von den paar Exemplaren abgesehen, die es zu gar nichts bringen und irgendwann zurück zu ihren Eltern ziehen, haben die jungen Männer unbemerkt einen spürbaren Sprung vollzogen.

Jungs kapieren die Spielregeln, Mädchen nicht

Sogar die paar jämmerlichen Jünglinge, die mit uns in der geisteswissenschaftlichen Fakultät studierten, haben anscheinend irgendwann begriffen, dass Beziehungen und Hierarchien wichtig sind, und zwar viel wichtiger als der Unterschied zwischen einem Jambus und einem Trochäus. Sie können sich auf einmal artikulieren und sagen, was ihre Stärken und Schwächen sind, warum sie einen bestimmten Job unbedingt wollen und wo sie in fünf oder in zehn Jahren sein möchten. Sie sehen wie der Hase läuft, und laufen mit. Während Mädchen noch warten, dass mal einer auf sie aufmerksam wird und erkennt, was sie alles gelernt haben, sehen junge Männer bereits ihre Karriere und damit ihren weiteren Lebensweg vor sich. Ehe wir uns versehen, sind unsere ehemaligen Kommilitonen stellvertretender Leiter der örtlichen Volkshochschule, Kurator am Museum für Völkerkunde oder haben eine der wenigen Assistentenstellen an der Universität abgegriffen. Derweil glauben wir Mädchen, wir seien noch nicht so weit, hängen lieber ans Studium eine Promotion an oder machen »zur Sicherheit« ein weiteres Praktikum.

Schöne junge Männerwelt

Claudius Seidl schildert in seinem Buch *Schöne junge Welt* eindrucksvoll, wie sich die Geschlechter in dieser kritischen Lebensphase unterscheiden. Mit fünfundzwanzig Jahren haben er und sein Freund Michael den Magisterabschluss in der Tasche. Die beiden sitzen bei einem Bier und fühlen sich furchtbar schlecht: »Wir waren fünfundzwanzig, das war es, was uns plagte. Wir fanden uns alt…« Mädchen kommen in Seidls Kosmos bestenfalls als Objekte der Begierde vor, nicht aber als ebenbürtige Gesprächspartnerinnen, wenn es um die Lebensplanung geht. Ich werfe ihm das nicht vor; vermutlich gab es keine Frau, mit der er überhaupt in die folgende Situation hätte kommen können: »Auf der Magisterfeier waren wir die Jüngsten gewesen und hatten, mehr noch als uns selber, die Kommilitonen gehasst, diese Langweiler, die erst achtundzwanzig werden mussten, um ein Studium abzuschließen.« Und Michael fragt einen anderen Studenten: »Mann, du bist doch mindestens siebenundzwanzig. Willst du nicht mal raus aus der Uni? Bisschen frische Luft atmen. Mal nachgucken, ob es da draußen menschliches Leben gibt? (…) Du glaubst also, dass du einen besseren Job findest, wenn du mit der Suche danach wartest, bis du dreißig bist? Oder fünfunddreißig?«

Sie werden zu Profis, wir bleiben Amateure

Solche Jungs, die wir im Gymnasium und während des Studiums weit hinter uns gelassen haben, sind uns jetzt ein ganzes Stück voraus. Sie verlassen sich nicht mehr auf andere, sondern auf sich selbst und auf ihre Fähigkeiten, egal, wie bescheiden diese sein mögen oder wie falsch sie sie selbst einschätzen. Wir alle kennen diese Typen: Eines schönen Tages ziehen sie den Norwegerpullover mit Rundstrickkragen und die Kreppsohlenschuhe aus und kommen von da an im Sakko und mit durchgenähten Budapestern in die Uni. Wir Mädchen tragen weiterhin unsere berufsjugendlichen Studentenklamotten und die Chucks, durchschauen dafür aber das Imponiergehabe unserer Kommilitonen und finden es lächerlich. Wir fragen uns, wen sie damit wohl beeindrucken wollen. Ganz klar: Die Jungs setzen ein Zeichen, wir setzen auf gute Noten. Ihre Referate sind zwar schlechter als unsere, aber ihr gesundes Selbstvertrauen steckt an. Nicht uns Frauen, sondern irgendwelche Personalchefs, bei denen sie auf einmal zum Vorstellungsgespräch sitzen. Sie sind plötzlich Profis. Wir sind Amateure, und wir bleiben es.

Beispiel

Als ich mit fünfundzwanzig Jahren und zwei abgeschlossenen Studiengängen – einem amerikanischen M.A. von einer Eliteuniversität und einem deutschen Magister mit Bestnote – einen Praktikumsplatz in Verlagen, Zeitungsredaktionen, bei Theatern und bei Rundfunk und Fernsehen suchte, da wollte mir keiner einen geben: Überqualifiziert, zu gut, hieß es. Wer so jung ist und schon so viel erreicht hat, der braucht doch kein Praktikum mehr zu machen, der schwenkt quasi aus dem Stand in die Zielgerade ein und wird binnen kürzester Zeit Professorin, Spitzenpolitikerin, Museumsdirektorin oder Intendantin oder irgendwas anderes ganz Großes. Von wegen. Ein Mann hätte sich das vielleicht nicht zweimal sagen lassen, aber ich war ein Mädchen wie aus dem Bilderbuch und mein Selbstbild entsprechend. Ich stand ganz am Anfang, ich kannte niemanden in irgendeiner der Branchen, in die ich wollte, und ich brauchte dringend Starthilfe.

Warum ich unzählige, mit solchen Auskünften versehene Absagen bekam, weiß ich bis auf den heutigen Tag nicht, denn es ergibt damals wie heute keinen rechten Sinn. Wie konnte ich überqualifiziert sein und zugleich über keine Stunde Berufserfahrung verfügen? Vermutlich war es naiv von mir gewesen, dass ich während des Studiums kein Praktikum gemacht hatte, denn jetzt sah es so aus, als sei es plötzlich zu spät dafür. Auf die Idee, parallel zum Studium praktische Erfahrungen zu sammeln, war ich tatsächlich nicht verfallen, denn ich war zu beschäftigt gewesen, meine Seminare und Prüfungen in einem vernünftigen Zeitraum zu absolvieren, um bei Berufsbeginn möglichst jung zu sein und nicht wie die Karikatur des ewigen Studenten zum Bewerbungsgespräch anzutreten. Aber jetzt wurde ich zu einem solchen Gespräch noch nicht einmal eingeladen. Da stand ich nun mit einer echten Quarterlife-Crisis, für die es damals noch keinen Namen gab, und mit zwei imposanten akademischen Urkunden, die ich ins Klo meiner Wohngemeinschaft hängte. Ich hätte gemordet für einen einfachen Praktikumsplatz. Das war im Jahr 1987.

Bis heute hat sich an der Absurdität der Situation, in der Studentinnen oder Hochschulabsolventinnen stecken, nichts verändert. Wenn ich ein Volontariat oder gar eine Assistenz zu vergeben habe, muss ich das nicht ausschreiben, denn ich habe genügend Blindbewerbungen vorliegen oder muss bloß einer Person in meinem beruflichen Umfeld davon erzählen, und schon kann ich mich in den nächsten Tagen vor Zuschriften nicht mehr retten. Die Bewerberinnen haben nicht nur studiert und promoviert, sie sprechen auch noch drei Fremdsprachen fließend und haben Grundkenntnisse in vier weiteren, sie haben bereits im Goethe-Institut in Aserbaidschan, dem Lektorat des Suhrkamp Verlags oder dem Feuilleton der *Frankfurter Allgemeinen Zeitung* eine

Hospitanz oder ein Praktikum absolviert, betreiben nebenbei noch Triathlon, Freiklettern oder Tiefseetauchen und spielen Cello und Querflöte. Das Arbeitsamt hat sie mehrfach umgeschult zu Webdesignerinnen, Online-Redakteurinnen und Ähnlichem. Darüber hinaus sind sie eloquent, witzig und charmant und sehen auf den beigefügten Bewerbungsbildern sowie im richtigen Leben frisch und sympathisch aus. Aber: Sie sind älter, als wir es damals bei unseren ersten verzweifelten Bemühungen um einen Arbeitsplatz waren. Suchte ich mit fünfundzwanzig nach einem Praktikumsplatz und bekam stattdessen eine Art feste Stelle, so sind diese jungen Frauen oft bereits jenseits der dreißig, und alles, was man ihnen bieten kann, ist ein weiteres Praktikum.

Es fehlt an echter Tauglichkeit

Denn keine der reizenden jungen Frauen hat sich in irgendeiner Weise für den Job qualifiziert, den ich ihr geben könnte. Es mangelt ihnen nicht an spezifischem akademischem Wissen, nicht an abgeleisteter Arbeitszeit, an Stunden, Wochen und Monaten, die sie in Redaktionen, Pressestellen oder Fortbildungsseminaren abgesessen haben, aber es fehlt vorne und hinten an einschlägiger Berufserfahrung, an praxisbezogenem Denken, am emotionalen Rüstzeug – kurzum, an echter Tauglichkeit. Und wie sollte es auch anders sein? Zwei Wochen Hospitanz oder drei Monate Praktikum, die sie am Kopierer oder beim Kabeltragen verbracht haben, machen auch aus den intelligentesten Frauen noch keine Sachbuchlektorinnen oder Fernsehredakteurinnen.

Also lade ich aus den zahlreichen Bewerbungen die zwei oder

drei Kandidatinnen zu einem Gespräch ein, die mindestens drei Jahre am Stück in diesem Beruf gearbeitet haben und nun wegen widriger Umstände auf der Straße sitzen. Aber eine Stelle bekommen sie nur dann, wenn sie nicht allzu lange arbeitslos waren, nicht frustriert wirken und mir nicht bereits im ersten Satz erzählen wollen, dass sie eigentlich vollkommen überqualifiziert sind. So grausam ist die Wirklichkeit.

Arbeiten spielen

Meine eigene Karriere begann mit einem Job, der merkwürdiger nicht hätte sein können. Die grundlegendsten Rahmenbedingungen (Tisch, Stuhl, Papier, Gehalt) gab es nicht. Vielleicht war das der Grund, warum kein männlicher Mitbewerber mir diesen Job wegnehmen wollte? Überlegungen wie diese waren mir damals fremd.

Beispiel

Meiner erbarmte sich damals ein gewisser Dr. Kretz, Leiter eines Kulturinstituts mit achtzehn Mitarbeitern. Er lud mich als Antwort auf eines meiner bittstellerischen Schreiben zu einem Gespräch ein. Als ich mich an einem strahlenden Spätsommertag pünktlich zu unserem Termin einfand, empfing mich eine blonde, stämmige Sekretärin.»Bewerbungsgespräch?«, wunderte sie sich und machte ganz runde Augen, nachdem sie sich mir als»Assistentin von Herrn Doktor Kretz« vorgestellt hatte.»Davon hat der Herr Doktor Kretz aber gar nichts gesagt.« Sie sah zuerst in ihren Tischkalender, ging dann hinüber in sein lichtdurchflutetes Büro, blätterte dort offensichtlich in seiner Agenda und kam kopfschüttelnd wieder zurück.»Das hätte mich jetzt aber auch gewundert, am Freitagnachmittag. Sind Sie sicher, dass Sie bei uns richtig sind?« Doch, das war ich, und schilderte ihr das Telefonat mit Kretz. Wieder heftiges Kopfschütteln, dieses Mal begleitet von Amüsement. »Ausgeschlossen. Der Herr Doktor Kretz braucht niemanden. Der hat doch mich.« Sie begleitete mich zur Tür. »Ich habe nämlich auch Abitur – in der Abendschule nachgeholt«, setzte sie noch hinzu, und ich fragte mich, warum sie es für nötig hielt, mir das zu erzählen.

Manchmal würde ich gerne wissen, was wohl aus mir geworden wäre, wenn ich es darauf hätte beruhen lassen, aber zu Hause angekommen, ärgerte ich mich ein ganzes Wochenende lang über diesen Dialog und rief Kretz am darauf folgenden Montag an. »Um Himmels willen!«, rief er ins Telefon, und es fehlte noch, dass er sich hörbar an die Stirn geschlagen hätte. »Ich habe Sie total vergessen. Das tut mir leid. Kommen Sie doch diesen Freitag.«

So stand ich am Freitag darauf wieder in genau derselben Halblanger-Rock-nette-Bluse-halbhohe-Pumps-Kombination vor der Frau mit dem Abendschulabitur. »Ach, Sie sind's«, meinte sie mit erwartungsgemäß geringer Begeisterung. »Na ja.« Nun gestikulierte auch schon Kretz hinter seinem Schreibtisch hervor in Richtung offene Tür und hieß mich auf einem Stuhl Platz nehmen. »Frau Häberle macht uns bestimmt einen frischen Kaffee«, legte er dem blonden Gift nahe, denn die Sekretärin hatte sich mit verschränkten Armen neben meinen Stuhl gestellt und machte keine Anstalten, den Raum zu verlassen. »Wenn's so gewünscht wird ...«, schnaubte sie beleidigt und verzog sich in die Küche. Ein Satz, den ich in den nächsten Monaten noch oft hören würde.

Ein Praktikum bekam ich von Kretz indes nicht, sondern landete direkt in einem nicht weiter definierten Arbeitsverhältnis, das ich mir als »eine Art Festanstellung« schönredete, nur weil ich mir jeden Tag zu festen Zeiten die Seele aus dem Leib arbeitete. Ich bekam fast gar kein Geld und war zudem weder kranken- noch sozialversichert, aber ich hätte alles, ja wirklich alles getan, um endlich meine Fähigkeiten in der Praxis unter Beweis stellen zu können. »Sie schaffen das auch so«, meinte Kretz zu mir, nachdem er mein Schicksal besiegelt hatte. »Sie müssen doch nicht erst ein Praktikum machen.« Statt sämtliche inneren Lämpchen auf Alarm zu schalten, hielt ich das für ein tolles Kompliment und freute mich wie eine Bekloppte.

Mein größter Albtraum, der mich von da an keine Nacht mehr durchschlafen ließ, war, dass ich es nie zu einer *wirklichen* Festanstellung bringen würde. »Festanstellung« war mein magisches Wort, und es rangierte auf derselben Ebene wie ein Sechser im Lotto. Hätte ich Millionen im Lotto gewonnen, ich hätte mir davon eine Festanstellung auf Lebenszeit gekauft.

So war ich froh und dankbar, dass ich hatte, was ich hatte. Und das war wenig genug. Mein Arbeitgeber machte keinerlei Anstalten, mir die notwendigen Materialien zur Verfügung zu stellen, also kaufte ich mir alles, was ich für den Job brauchte, von Papier und Bleistift bis zu Nachschlagewerken und Lexika, von meinem eigenen Geld. Dann wurde offenbar, dass ich kein eigenes Zimmer bekam, noch nicht einmal ein Katzentischchen auf dem Flur, da in der alten Villa, wo das Kulturinstitut untergebracht war, kein Platz für mich war. Statt in einem Büro saß ich Tag um Tag in der gut geheizten öffentlichen Bibliothek, wo ich mich nicht ganz so allein gelassen fühlte wie in meinen eigenen zugigen vier Wänden.

Wie schon zu Studentenzeiten war ich tagaus, tagein im großen Lesesaal, erstellte Gutachten zu Ausstellungskonzepten, las Druckfahnen Korrektur, schrieb Beiträge für Sammelbände und Kataloge oder textete komplette Broschüren. Da dies meine erste Stelle war und in meinem noch immer studentischen Freundeskreis auch sonst niemand einen richtigen Job hatte, fehlten mir die Vergleichsmöglichkeiten. Hatte ich – gemessen an den Schicksalen anderer – nicht das große Los gezogen?

Vielleicht liegt es daran, dass so viele Frauen so schnell und fleißig studieren. Sie bekommen dann einfach nicht mit, wie ihre langsameren Kommilitonen den Berufseinstieg schaffen und schauen auf die falsche Vergleichsgruppe: die Frauen. Viel zu viele von ihnen machen zwar superschnell Examen, kommen danach aber nicht aus den Puschen. Sie unterrichten (für einen Hungerlohn) Deutsch für Ausländer, beginnen in Ermangelung anderer Einfälle eine Promotion, absolvieren ein Praktikum nach dem anderen, oder sie werden schlicht und ergreifend schwanger.

Mädchenwelt des »Als-ob«

Mir jedenfalls wollte damals kein Licht aufgehen, dass auch ich bloß eine Variante des Schwarzen Peters gezogen hatte.

Beispiel

Was ich da machte, war eines der alten »Als-ob«-Spiele der Kinderzeit, und das noch nicht mal mit einer guten Ausstattung, denn ich hatte ja kein Büro, und Chef und Kollegen sah ich nur einmal in der Woche, wenn ich mir in der Villa neue Arbeitsberge abholte und die bereits bearbeiteten Stapel dort ablieferte. »Schreiben Sie uns eine Rechnung«, forderte man mich bei meinen wöchentlichen Hausbesuchen jedes Mal auf, und ich war tatsächlich zu schüchtern, um zu fragen, warum nur ungefähr jede dritte bezahlt wurde oder warum man gerne mal von den in Rechnung gestellten Stunden ein paar subtrahierte.

Und gar nicht zu fragen wagte ich, warum mein Stundenlohn unter dem der Putzfrau in meinem Studentenwohnheim lag, in das ich für den Sommer wieder zurückgezogen war, um mein eigenes WG-Zimmer für mehr Geld an einen jungen Schauspieler untervermieten zu können.

Um über die Runden zu kommen, beantragte ich damals bald ein Forschungsstipendium für eine Promotion, das mir samt Büchergeld bewilligt wurde. So hatte ich nun zwar ein ordentliches monatliches Auskommen, musste aber in einem lächerlich kurz bemessenen Zeitraum neben meinem Vollzeit-Sklavenjob her promovieren. (Damals fing ich übrigens an, mit großer Selbstverständlichkeit vierzehn bis sechzehn Stunden am Tag zu arbeiten, und daran hat sich bis heute nicht viel geändert.)

Und ich hinterfragte ebenso wenig, warum ich mich bei allem, was ich an Kretz ablieferte, mit Frau Häberle herumärgern musste, deren »Wenn's so gewünscht wird ...« stets missbilligend meine erbarmungswürdigen Versuche begleitete, in der richtigen Welt der Arbeit Fuß zu fassen. Es blieb ein einziges »Als-ob«, und ich fühlte mich bei allem Stolz auf diesen prachtvollen Job insgeheim wie eine Fälschung, wie jemand, der bloß so tut, *als ob* er arbeitet.

Kennen Sie dieses Gefühl? Ich frage mich manchmal, ob es nur Frauen so geht. Vielleicht ist es diese uralte Cinderella-Geschichte, die uns immer noch tief im Herzen glauben lässt, dass wir nur ein wenig Arbeiten spielen müssten, nur so zum Spaß. Später würde uns dann ein Prinz aus dieser schnöden Welt erlösen, um uns in ein Märchenschloss zu bringen. Sie weisen diesen Gedanken weit von sich? Na prima. Sonst wäre es auch höchste Zeit, aufzuwachen.

Es geht auch anders

»Ich habe eine Bestandsaufnahme gemacht, meine strategischen Ziele formuliert, meine Umsatzvorgaben bekannt gegeben – und die zwei größten Pflaumen gefeuert« – könnte dieser Satz von

Ihnen stammen? Glückwunsch! Dann gehören Sie zu den Frauen, die es von der Amateur- in die Profiliga geschafft haben und dort mitspielen dürfen, wo die Kerle eigentlich unter sich sind. Es gibt sie tatsächlich hin und wieder, die Frauen, die so richtig durchstarten.

Bei den meisten aber läuft es anders: Der Berufseinstieg ist trotz günstiger Voraussetzungen gesäumt von Fallen, in die wir Frauen zuweilen ahnungslos, dann wieder eher ergeben und willig hineintappen. Dabei gibt es Fallen, die andere uns stellen und die wir mangels Erfahrung nicht erkennen, aber es gibt auch solche – die Selbstausbeutungsfalle, die Perfektionismusfalle, die Mädchenfalle –, die wir immer wieder sehenden Auges mit aufstellen.

An diesen Fallen liegt es, dass Frauen häufiger als Männer einen beruflichen Fehlstart hinlegen, manchmal sogar eine ganze Serie davon. Wenn sie dann nicht aus dem Knick kommen, dann vergessen sie mit der Zeit, dass sie jemals Ambitionen hatten und einmal nichts sehnlicher wollten als einen »richtigen Job«. Weil es in der Amateurliga der Frauen so gemütlich und unbedrohlich zugeht, richten wir uns dann auf Jahre häuslich dort ein.

Zuweilen dauert es Jahre, bevor wir rückblickend gewisse Muster in unserem Verhalten erkennen, die uns das Arbeitsleben erschwert und unsere Karrieren verzögert oder sogar verhindert haben. Doch es ist besser, diese Muster spät, als gar nie zu durchbrechen, damit die Amateurliga kein dauerhafter Aufenthaltsort und der Fehlstart nicht das Leitmotiv der beruflichen Laufbahn bleibt.

Achtung – Mädchenfallen

Studium

Do:

- Ein Fach studieren, in dem man wirklich gut ist und für das man sich begeistert, auch wenn es Lebensmittelchemie ist.
- Auf einen Beruf hin studieren, wenn man schon einen vor Augen hat. Wenn nicht, dann schleunigst dahin kommen.
- Eine Schreinerlehre oder eine Ausbildung zur Einzelhandelskauffrau machen, wenn man das wirklich will – nicht jeder muss studieren.
- Sich für Ingenieurwissenschaften einschreiben, obwohl nur bebrillte Streber in abgeschabten Cordhosen vorm Immatrikulationsbüro stehen.

Don't:

- Irgendwas studieren, weil alle es tun.
- Architektur studieren, weil die Eltern das so erwarten.
- Das Fach wählen, das die beste Freundin studiert.
- Studieren, weil man dann weiterhin zu Hause wohnen bleiben kann.

Praktikum

Do:

- Praktika während und nach dem Studium machen.

- Sich um Praktika in einer Branche bemühen, in der man später arbeiten will.
- Spätestens nach dem dritten Praktikum ein Volontariat oder eine Assistenz anstreben.
- Augen und Ohren offen halten beim Praktikum und so viel fragen und lernen, wie man kann.
- Den Kollegen während des Praktikums durch gute Arbeit, Eigeninitiative und Wachheit in Erinnerung bleiben.

Don't:

- Wahllos Praktika machen; irgendwas wird sich schon ergeben.
- Nach fünf oder mehr Praktika zum ewigen Praktikanten mutieren und sich womöglich noch mit dieser Situation abfinden.
- Praktika passiv durchleiden, statt sie aktiv mitzugestalten oder notfalls abzubrechen.
- Im Praktikum alles besser wissen und den Laden umkrempeln wollen.

Bewerbung

Do:

- Vor einer Bewerbung einen Bewerbungsratgeber lesen (die Dinger sind nützlich!).
- Sich über die Firma gut informieren, bei der man sich bewirbt.
- Vorstellungen und Ziele formulieren können.
- Auf einen Anruf aus der Personalabteilung vorbereitet sein.

Don't:

- Anschreiben aus dem Bewerbungsratgeber abschreiben.
- Bewerbungen mit nichtssagenden Anschreiben und unvollständigen Unterlagen verschicken.
- Urlaubsfoto anstelle eines seriösen Bewerbungsfotos verschicken.
- Das Deckblatt mit netten bunten Filzstiftzeichnungen verzieren, weil das niedlich und individuell ist.
- Keine Gehaltsvorstellungen haben.

3. Knick statt Kick

Für die Wirkung der eigenen Verhaltensweisen auf andere muss man allmählich sensibilisiert werden, denn dafür fehlt den meisten von uns in unseren frühen Jahren das Gespür, es sei denn, man hat seine Erfahrungen in einem harten Crashkurs gemacht. Wenn ich mich in meinem ersten Berufsjahr bei meinen Freundinnen und ehemaligen Kommilitoninnen umhörte, dann hatten die meisten – und ich zuvorderst – gründlich alles falsch gemacht, was man falsch machen konnte. Wenn wir ehrlich waren, so hatten viele von uns einen ziemlichen Fehlstart hingelegt. Keine Einzige von uns schien einen Job ergattert zu haben, unter dem sich Dritte (beispielsweise die eigene Mutter) etwas vorstellen konnten, der sich in einen Begriff fassen oder von dem sich zumindest die Miete zahlen ließ.

»Ihnen fehlt doch der Biss«

So verging das erste Jahr, in dem ich versuchte, erwachsen zu sein, und das zweite auch. »Eigentlich läuft alles ganz gut«, dachte ich damals noch. Gut – ich hatte kein offizielles Büro und all das – aber das schien mir nebensächlich. Ein Lehrbeauftragter an der Uni, der er eine Statistik über die Berufseinstiege von Geisteswissenschaftlern führte, hatte einmal gesagt: »Die ersten Jahre nach der Uni sind wie Jahre auf dem Rüttelbrett.« Ich wusste zwar nicht genau, wie ich mir das mit dem Rüttelbrett vorzustellen hatte, aber irgendwie klang es beruhigend.

Beispiel

Eine Ahnung, dass etwas mit meinem eigenen großartigen Einstieg in die Arbeitswelt nicht ganz so lief, wie es sollte, kam mir ziemlich spät – nach über zwei Jahren des galeerensklavenartigen Ruderns für Kretz und sein Kulturinstitut. Eines Samstags trafen mein Freund Erich und ich ihn nämlich beim Einkaufen im Gemüseladen, und es stellte sich heraus, dass Kretz bei Erich um die Ecke wohnte. Die beiden waren sich trotz des Altersunterschieds von über zwanzig Jahren sofort sympathisch und verbrachten von dieser ersten Begegnung an ziemlich viel Zeit miteinander. Sie kochten gemeinsam in Kretz' Wohnung und gingen sogar ab und an zusammen ins Fitnessstudio. Ich hatte weder Zeit für das eine noch das andere, da ich mit Arbeit so zugeschüttet war, dass ich mich um meinen Körper weder in kulinarischer noch in sportlicher Hinsicht kümmern konnte. Nicht, dass sie mich gefragt hätten, ob ich mich ihren Aktivitäten anschließen wollte. Stattdessen brachte mir Kretz seit Neuestem ab und zu einen Korb dreckiger Wäsche vorbei. Seine Waschmaschine sei kaputt, und der Erich hätte gemeint, dass es mir sicher gar nichts ausmache, seine Hemden, Socken und Unterhosen mitzuwaschen.

Und dann klingelte eines Abends das Telefon, und Kretz war dran und meinte, er müsse mich jetzt mal was fragen. Er habe da eine Stelle zu vergeben, eine richtige dieses Mal (mein Herz klopfte schneller), es sei eigentlich eine ziemlich verantwortungsvolle, neu geschaffene Position (beschleunigter Puls, fliegende Hitze), denn derjenige sei zuständig für einen eigenen großen Bereich und würde damit ihn, Kretz, enorm entlasten; er habe ohnehin seit langem schon viel zu viel zu tun (das Blut rauschte mittlerweile so laut in meinem Kopf, dass ich fast nichts mehr hörte). Jetzt kam gleich die Frage, das spürte ich. Ich presste mit schwitzigen Händen den Hörer ans Ohr, um kein Wort zu verpassen. »Glauben Sie, der Erich hätte daran Interesse?«

Der Rest der Unterhaltung ist mir verständlicherweise nicht mehr sehr deutlich in Erinnerung. Zorn und Enttäuschung schossen gleichzeitig in mir hoch, und ein riesiger Kloß im Hals lähmte mir die Zunge, sodass ich das Telefonat bloß noch mit Mühe beenden konnte. Ich weiß noch, dass ich sagte: »Und was ist mit mir?« Und daraufhin von Kretz zu einem Gespräch unter vier Augen einbestellt wurde. Bei einem Teller gebackener Maultaschen und einem Glas Riesling in der Weinstube Schmälzle erfuhr ich die Gründe, warum Kretz mich für diese Stelle nicht einmal in Erwägung gezogen hatte: Ich sei einfach nicht gut genug. Es fehle mir am Biss, an Ambitionen, an Ideen, an Originalität, Schnelligkeit, Flexibilität, Intelligenz, an irgendetwas, das mich von den vielen anderen unterscheide, die er in den letzten Jahren im Kulturinstitut habe kommen und gehen sehen. Der Erich habe das alles. Wie Kretz das beim gemeinsamen Kurzhanteltraining oder bei der geselligen Zubereitung von *pesto genovese* herausgefunden haben wollte, war mir rätselhaft. Für mich hingegen, so fuhr Kretz fort, sähe er beruflich keine Zukunft. Da habe er mir doch eine Riesenchance gegeben, und ich hätte leider so gar nichts draus gemacht. Ich sei halt doch nur ... ein Mädchen.

Ich kämpfte mit den Tränen, und als Kretz sich verabschiedet hatte und mich zu allem Überfluss auch noch mit meiner Hälfte der Rechnung in der Weinstube Schmälzle hocken ließ, rannen sie ungebremst auf meinen artig leer gegessenen Teller. Ich war verzweifelt und zudem völlig davon überzeugt, dass er Recht hatte. Noch fehlte mir die Lebenserfahrung, um mir diese vernichtende Rede in das zu übersetzen, was sie eigentlich bedeutete: Mich hatte er nach den ersten Wochen bereits auf der Ebene der Wasserträger eingeordnet. Ich forderte nie etwas und hinterfragte nichts. Kein Biss eben. Damit hatte er eigentlich doch ins Schwarze getroffen. Nie zeigte ich die Zähne. Ich wollte es immer nur allen recht machen. Ich war beflissen. Logischerweise bietet man einem solch bienenfleißigen kleinen Arbeitsroboter keine Stelle mit Verantwortung an. Dafür braucht man eine Persönlichkeit, jemanden mit Ecken und Kanten. Davon hatte Erich in der Tat mehr als genug.

Was ich damals schlicht und ergreifend nicht wusste: Wer im Job nicht laut »Hier!« schreit, »Ich will!« und »Ich kann!«, der bekommt auch nichts. In der Schule und in Uni-Seminaren läuft das ja auch ganz anders. Da fällt man auf, wenn man sich brav meldet und, wenn man drangenommen wird, kluge Sachen sagt. Man bekommt eine gute Note, wenn man penibel recherchierte und formulierte Arbeiten termingerecht abgibt. Im Job aber ist das anders. Da gibt es keinen Lehrplan und keinen Notenspiegel. Hier geht es darum, neue Aufgaben selbst zu entwickeln oder zumindest frühzeitig aufzuspüren, sich dann unübersehbar in Position zu bringen und zuzuschlagen. Wenn Sie nicht in einer zugigen Rumpelkammer arbeiten wollen, müssen Sie ein anderes Büro einfordern. Wenn Ihnen die Arbeit über den Kopf wächst, müssen Sie Personal einfordern. Und wenn Sie herauskriegen, dass Ihr Kollege für die gleiche Arbeit 30 Prozent mehr Geld bekommt, müssen Sie diese 30 Prozent einfordern! Fordern Sie! (Das tut kein anderer für Sie). Wobei fordern nicht heißt: jammern, heulen, drohen. Sondern klipp und klar argumentieren: Ich verfüge über diese Erfahrungen und jene Expertise, ich habe mich bei Projekt A, B und C bewährt, ich bringe dem Unternehmen folgende Vorteile, wenn ich mich auf der nächsten Karrierestufe positioniere.

Beispiel Erich lehnte die ihm angetragene Stelle ab. Nicht etwa, weil er es unanständig gefunden hätte, sie unter den gegebenen Umständen anzutreten. »Ich mach mich doch nicht tot auf so einem öden Posten«, lautete sein Kommentar, was Kretz ganz und gar nicht undankbar fand, sondern mit einer gewissen Bewunderung quittierte. »Ach, Erich, ich beneide Sie um Ihre Freiheit«, soll er, begleitet von einem festen Händedruck, gesagt haben.

Ich war fassungslos. Erstens, weil Erich diesen Job einfach so wegwarf. Und zweitens, weil Kretz nicht auf die Idee gekommen war, mir den Job anzubieten. Dass er mich übersehen hatte (und dass alle meine Freundinnen karrieretechnisch offenbar auch übersehen wurden), kann vielleicht verhaltensbiologisch erklärt werden. Sobald ein Mann mit einem Jobangebot in der Tasche zur Türe hereinkommt, pumpen die Männer ihren Brustkasten auf, während die Frauen ihr Köpfchen schräg legen und freundlich lächeln. Dann füllen die Männer den gesamten Raum mit Testosteron und Gebrumm, während die Frauen mal kurz nach nebenan gehen, um Kaffee zu holen. Wenn sie zurückkommen, ist der Job schon weg. So schnell geht das.

Summa cum laude und arbeitslos

Beispiel Da stand ich nun und war genau am gleichen Punkt wie nach Abschluss meines Studiums, nur halt zwei Jahre älter und unendlich erschöpft. Wenige Monate nach diesem Rauswurf brachte ich meine Promotion zu Ende. Jetzt hatte ich zwei Prädikate: *summa cum laude* und arbeitslos. Am meisten verwirrte mich damals, dass die Kretz'sche Diagnose meiner Unfähigkeit einen herben Kontrast dazu bildete, dass mich ursprünglich keiner hatte haben wollen, weil ich angeblich schon so viel weiter und viel zu gut für alles war.

Ich war nicht die Einzige, die noch während des ersten Jobs promoviert hatte und nun arbeitslos auf der Straße stand.

Übereifer tut auch nicht gut

War ich zwar emsig, aber zu ideenlos und passiv gewesen, so scheiterte meine ebenfalls promovierte ehemalige Kommilitonin Sandra an ihrem Übereifer. Auch sie hatte nicht verstanden, dass an der Uni andere Regeln gelten als in der »richtigen Welt«. War sie in Oberseminaren wegen ihrer analytischen Fähigkeiten und als talentierte Querdenkerin geschätzt, ging sie den Leuten im Job mit ihrer intellektuellen Überheblichkeit auf die Nerven. Schwacher Trost: Das passiert nicht nur Berufseinsteigerinnen, sondern auch ihren jungen Kollegen. »Der muss sich erst die Hörner abstoßen«, heißt es dann allerdings, während die jungen Frauen einfach hochkant rausfliegen.

Beispiel
Sandra erzählte mir, dass sie ihre erste Festanstellung bei einem öffentlich-rechtlichen Fernsehsender rasch wieder losgeworden war, weil sie in den ersten drei Monaten bereits Vorschläge zur Optimierung von Arbeitsabläufen machte und auch sonst »die alten Schnarchnasen«, die dort wie verbeamtet vor sich hin dösten, gehörig durchrüttelte.

Sie bestand wegen »Störung des Betriebsfriedens« noch nicht einmal ihre Probezeit. Danach bewarb sie sich bei einer Filmproduktionsfirma, wo sie aber ebenfalls die ersten drei Monate nicht überstand, da es einfach nicht zusammenpasste, dass sie zwar einerseits immer alles besser wusste und ihre Kollegen in langen schriftlichen Memos kritisierte, andererseits jedoch zu wenig eigene Ideen in ihre Arbeit einbrachte.

Nach einigen erfolglosen Bewerbungen eröffnete Sandra schließlich mit dem Startkapital ihres Mannes eine Weinhandlung und später ein kleines Restaurant. Sie hat eine Menge Spaß bei dem, was sie tut, aber sie hätte weiß Gott weder studieren noch promovieren müssen, um Wirtin zu werden. Übrigens gab McKinsey ihr zwei Jahre nach ihrem Rauswurf aus dem öffentlich-rechtlichen Sender – sozusagen *post festum* – Recht: Nachdem die Unternehmensberater mit dem Laden fertig waren, hatte sich nämlich ein Drittel der alten Schnarchsäcke aus ihren bequemen Sesseln in den Ruhestand verabschieden müssen.

Wohin ich auch sah, keine von uns war so richtig auf dem Weg nach oben. Die Karriereleiter war entweder ganz abhanden gekommen oder einem Mann zur Verfügung gestellt worden, oder aber die einzelnen Sprossen waren so glitschig, dass man sich mit beiden Händen festhalten musste, um nicht nach unten durchzusausen.

Flucht nach Hause

Das ist vielen Frauen zu mühsam. Sie haben einfach keine Lust, sich Tag für Tag mit Karriereleitern abzuplagen – wenn sie überhaupt in Kontakt mit einer solchen kommen. Sie sehen keinen Sinn darin, sich im Unternehmen mit knapper Not über Wasser zu halten, während ihnen die Kollegen munter davonschwimmen. Deshalb gehen sie einfach nach Hause. »Ich spiele nicht mehr mit«, hätten sie als Mädchen gesagt. »Und zu meinem Geburtstag lade ich euch auch nicht ein.«

Beispiel

So ungefähr verhielt sich meine Kommilitonin Suse, die vor Jahren schon *summa cum laude* in Linguistik promoviert hatte, aber danach ohne Anstellung geblieben war. Nach einigen eher gemütlichen Ehejahren stellte sie fest, dass das noch nicht alles im Leben gewesen sein konnte. Vermittelt durch den Gatten, trat Suse nun ihre erste Stelle bei einer Bank an, wo sie in der Public-Relations-Abteilung für Unternehmenskommunikation zuständig war. Doch nach nur sechs Wochen warf sie alles hin und wurde wieder Hausfrau.

»Ich kann das einfach nicht«, gestand sie mir damals, als ich sie einige Wochen nach der freiwilligen Beendigung ihres Arbeitsverhältnisses samstags auf dem Markt traf. »Jeden Morgen bin ich im Büro erst mal aufs Klo und habe mich übergeben. Ich habe den Druck einfach nicht ausgehalten.«

Das sagte ausgerechnet Suse, die in allen Klausuren die besten Noten geschrieben hatte. Ich verstand nicht, warum sie in ihrem Job so schnell und so ultimativ das Handtuch geworfen hatte. »Das ist doch was anderes«, gab sie zur Antwort. »Hätten die mir im Büro was zum Lernen und Büffeln gegeben, das hätte ich richtig gerne gemacht. Aber die wollten immer gleich ganze Konzepte von mir. Nichts von dem, was ich im Studium gelernt habe, konnte ich im Job anwenden. Vielleicht hätte ich an der Uni bleiben sollen.«

Zurück an die Uni

Wenn es in der rauen Welt der Wirtschaft nicht klappt, sehnen sich viele Frauen zurück an die kuschelige Uni. Doch leider ist es im dortigen »Mittelbau« in Wirklichkeit überhaupt nicht so gemütlich wie auf dem alten Sofa, das immer im Studentencafé stand.

Beispiel Suse versuchte damals, den Rückweg einzuschlagen, aber Juniorprofessuren gab es noch nicht, und auch in den »Mädchenfächern« hatten es Frauen als akademische Lehrkräfte ungeheuer schwer. Auch ich erwog kurz, ob ich mich nicht vielleicht auf eine Assistentenstelle an der Alma Mater bewerben sollte. Wir holten uns zunächst Rat bei den wenigen Frauen, die es geschafft hatten. »Wissen Sie«, sagte uns damals die Rektorin unserer Universität und einzige Frau unter lauter männlichen Ordinarien, »ich musste mein Leben lang doppelt so gut sein wie die Männer. Und im Gegensatz zu den Männern konnte ich mich nie ausruhen auf dem, was ich erreicht habe. So bleibt eine akademische Karriere für Frauen ein ewiger Wettlauf.« Und eine C2-Professorin riet uns unumwunden von einer akademischen Karriere ab. »Wenn ich erneut die Wahl hätte, wie ich mein Leben gestalte, ich würde diesen ganzen Zirkus nicht noch einmal mitmachen. Der Preis, den ich bezahlt habe, ist viel zu hoch. Ich hätte nämlich gerne Kinder gehabt, aber jetzt bin ich zweiundfünfzig, und für eigenen Nachwuchs ist es nun definitiv zu spät.«

Heute kann ich die beiden Professorinnen gut verstehen, damals jedoch vermutete ich Missgunst hinter ihren Worten und verabredete mich mit meinem Doktorvater, um seine Meinung zu hören. Aber auch er wiegte nur sorgenvoll das Haupt und riet mir von einer akademischen Karriere entschieden ab. »Ach, Frau Adler«, seufzte er. »Ihre ganze Generation, das sind doch – bei aller Klugheit – nur Zierhasen. Sie hätten mal sehen sollen, was nach Ihnen an die Uni kam: lauter Wetterhexen.« – »Und die Wetterhexen machen alles richtig und werden die Lehrstühle von morgen besetzen?«, wollte ich wissen. »Machen Sie sich keine Sorgen«, sagte er tröstend. »Die bringen's auch zu nichts.« Dann stand er auf und hielt mir freundlich die Tür auf, die von seinem Dienstzimmer in den Flur führte. Es war mein letzter Besuch an meiner alten Universität.

Keine Unterstützung an der »*home front*«

Nicht nur die eigene Inkarnation als Zierhase oder Wetterhexe erweist sich beim beruflichen Vorankommen als hinderlich, sondern auch der Lebensabschnittspartner, der uns nach modernem Rollenverständnis eigentlich ermutigen und unterstützen soll.

Beispiel

So fand beispielsweise mein Erich es damals vollkommen gerechtfertigt, dass Kretz ihm einen Job antrug und nicht mir, was mich – ebenso wie seine coole Absage – zutiefst verletzte. Denn ich hätte die ihm angetragene Stelle ohne zu zögern genommen und wäre noch unendlich dankbar dafür gewesen. Und beim nächsten Job ging es mir, was die Unterstützung an der *home front* anging, kein Stück besser.

Nach dem Debakel mit Kretz fiel ich kurz in ein tiefes Loch, rappelte mich dann wieder auf, schrieb drei Bewerbungen und wurde zu drei Vorstellungsgesprächen eingeladen. Einen neuen Freund, Jakob, hatte ich inzwischen auch. Von Erich hatte ich mich getrennt, und die Kretz-Geschichte war daran nicht ganz schuldlos gewesen. Jakob hatte ich in der Universitätsbibliothek kennen gelernt, wo er täglich saß und an einer Dissertation über Caravaggio schrieb. Nun musste sich Jakob also zum dritten Mal in drei Wochen abends bei Pellkartoffeln und Quark anhören, wie ich nach einem prima Bewerbungsgespräch ein total gutes Gefühl hatte. Sein anfängliches Wohlwollen nach dem ersten Bewerbungsgespräch mischte sich beim zweiten mit einer gewissen Herablassung. »Jetzt warte doch erst mal ab, ob die sich überhaupt noch mal bei dir melden«, meinte er wenig ermunternd. Mir kam der Verdacht, Jakob würde sich über eine Absage viel mehr freuen als über eine Zusage, weil er dann als Tröster gefragt wäre, eine Rolle, die er offensichtlich stark favorisierte. Beim dritten derartigen Gespräch zog er die linke Augenbraue in die Höhe, zerteilte schlecht gelaunt eine Kartoffel und sagte:

»Warum wollen die dich eigentlich alle einstellen? Was erzählst du denen bloß für ein Zeugs?«

Nun hatte ich die schlechte Laune. Offenbar kam Jakob gar nicht auf die Idee, dass mich irgendjemand wegen meiner Qualifikation und (wenn auch auf wunderlichen Wegen gewonnenen) Berufserfahrung einstellen wollte. Er hatte sichtlich Mühe, den Erfolg seiner Freundin zu verwinden oder sie gar dazu zu beglückwünschen.

Verwundern hätte mich das nicht müssen. Männer, die sich aufrichtig mit ihren und für ihre Freundinnen und Frauen freuen, wenn diese berufliche Erfolge verbuchen können, sind so selten wie eine Lord-Howe-Waldhenne in freier Wildbahn.

Atmosphäre statt Karriere

Naiverweise ging ich damals noch von einem Modell gelebter Gleichberechtigung aus und wusste Jakobs Skepsis gegenüber meinen beruflichen Ambitionen nicht einzuordnen. Es kam mir gar nicht in den Sinn, dass ich ihn womöglich nicht zu meiner kleinen *support group* aus engen Freunden zählen konnte.

Zunächst war ich ohnehin voll und ganz mit Glücklichsein beschäftigt, denn ich hatte innerhalb weniger Tage drei Zusagen bekommen. Ich konnte mir meine Zukunft nun aussuchen, und mein Leben lag golden und glänzend und in einer unendlichen köstlichen Ausdehnung bis zu einem fernen Rentenalterhorizont vor mir.

Selbstverständlich wählte ich zielsicher die Stelle aus, auf der das kleinste Gehalt, die größtmögliche Selbstausbeutung, eine stattliche Anzahl akademisch verschraubter Autoren, inakzeptable Arbeitszeiten und ein vollkommen durchgeknalltes Verlegerteam – Frau Fohl und Herr Färber – auf mich warteten. Nach schlaflosen Nächten, in denen ich Listen mit den Für und Wider der jeweiligen Jobs anfertigte, nahm ich ausgerechnet diese Stelle, weil sie die größtmögliche Identifikation versprach. Typisch Frau.

Ich hätte mich in jener Zeit wahrscheinlich lieber erschossen, als zu sagen, dass ich auf eine Karriere aus war. Tatsächlich erschien mir das Konzept »Karriere« auch bestenfalls fünftrangig. Vorrang vor allem anderen hatte auch bei mir die »Atmosphäre«, und die musste »nett« sein. Nun ja, es wurde auf meiner neuen Stelle das Gegenteil von nett.

Beispiel

Das Verlegerpaar Färber und Fohl war überaus kreativ, wenn es darum ging, sich gegenseitig das Leben zur Hölle zu machen. (Leider steckten die beiden weitaus weniger Energie in das Bemühen, ihren popligen Kleinverlag am Laufen zu halten.) Sie verkehrten untereinander nur noch schriftlich und instrumentalisierten ihre neun Mitarbeiter für ihre privaten Schlachten. Für uns war es eine *No-win-no-win*-Situation, denn wir konnten einfach nie beide gleichermaßen zufriedenstellen. Äußerte sie ein Lob, so konnte man sich darauf verlassen, dass er einen tags darauf komplett zur Schnecke machen würde. Schrieb man für ihn ein Gutachten, das dazu geführt hätte, ein bestimmtes Manuskript für den Verlag anzunehmen, so krakelte sie garantiert in großen roten Filzstiftbuchstaben »Veto« quer über das Papier. Legte die Werbeabteilung ihr die neuen Anzeigen zur Freigabe vor, so konnten wir sicher sein, dass er am Nachmittag alles noch einmal über den Haufen warf. Eine Ahnung vom Ausmaß der Katastrophe bekam ich, als ich neben den Knöpfen meines Telefons die dicken Schichten kleiner Aufkleber abzupulen begann, wo ein Name nach dem anderen überklebt worden war. Demzufolge hatte es – egal, auf welchem Posten – nie jemand länger als ein Jahr im Verlag ausgehalten.

Bei mir war der Spuk nach nur neun Monaten wieder vorbei. So defensiv wie in der Kulturklitsche von Kretz wollte ich nie wieder sein, hatte ich mir vorgenommen, also ging ich jetzt ab und an in die Offensive. Das goutierten Färber und Fohl gar nicht, und zum Eklat kam es, als mein Verleger zu mir sagte: »Frau Doktor Doktor Adler [seine Art von Humor, A. A.], Sie sollen Manuskripte nicht lesen, sondern prüfen, ob alle Seiten in der richtigen Reihenfolge sind [dies hingegen meinte er ernst, A. A.].« Da meine Auffassung von »Lektorat« eine andere war, hieß ich ihn einen Dilettanten. Worauf er laut zu zetern begann. Dann knallte ich, um mir sein Geschrei nicht länger anhören zu müssen, mit zwei Türen, seiner und meiner. Ich fühlte mich fünf Minuten lang richtig gut. Die nächsten fünfzehn Monate bereute ich allerdings diesen hochgradig uncoolen Gefühlsausbruch. Und noch am selben Abend sprach der Verleger mir die Kündigung zu Hause auf meinen Anrufbeantworter.

Ich nahm mir daraufhin einen Anwalt und zerrte Färber – aus der letzten Schlappe wenigstens eine Spur klüger geworden – vors Arbeitsgericht. Ich klagte auf Wiedereinstellung, und da der Verleger vermutlich lieber seinen Verlag dichtgemacht hätte, als mich weiterzubeschäftigen, bekam ich eine ordentliche Abfindung. »Wenn ich was wie die da suche, dann melden sich fünfhundert«, so lautete einer seiner denkwürdigen Sätze vor Gericht. »Warum sollte ich also irgendeinen Gedanken darauf verwenden, wie ich die weiterbeschäftigen kann?«

»Der Mann hat Recht«, meinte neulich ein Journalist, dem ich bei einem Buchmesseempfang diese Geschichte erzählte, weil er mich nach meinem Werdegang gefragt hatte, und ich dachte, ich gebe mal was richtig Ungeheuerliches zum Besten. Mein Verleger hätte vermutlich mit jeder der anderen fünfhundert Kandidatinnen Ähnliches erlebt, so mein Gegenüber. Ich sei zickig, unberechenbar und hysterisch gewesen in meinem Job – nur mal so nach meiner Schilderung der Ereignisse zu urteilen. Mit solchen Kolleginnen käme kein Mann klar. Frauen, die bei der Arbeit auf alles emotional reagierten und sich die Dinge zu Herzen nähmen, als hinge ihr Leben davon ab, spielten einfach nicht in derselben Liga wie die Männer, die klar unterscheiden könnten, ob man ihre Leistungen kritisiert oder sie als Menschen infrage stellt. »Ich hätte Sie auch rausgeschmissen«, waren seine letzten Worte, bevor er sich sein Bierglas schnappte und zu einem anderen Stehtisch Reißaus nahm, an dem lauter gelassene, berechenbare, coole Zeitgenossen an ihren Getränken nippten und auch nach Mitternacht noch total über den Dingen standen. Männer.

»Werd erwachsen!«

»Zickig, unberechenbar und hysterisch« – diese Worte gingen mir noch lange im Kopf herum. Wenn ich tatsächlich so gewesen wäre, dann hätte ich die harte Zeit nach meinem Rausschmiss wahrscheinlich gar nicht überleben können.

Beispiel

Als meine Abfindung aufgezehrt war, machte ich erstmals im Leben Bekanntschaft mit dem Arbeitsamt, dem Sozialamt und dem Wohnungsamt und lernte schwarzzufahren, zu Fabrikverkäufen zu gehen, Lebensmittel jenseits des Verfallsdatums für einen Bruchteil des ursprünglichen Preises zu kaufen und rechtzeitig bei Vernissagen oder Empfängen im Rathaus aufzukreuzen, wo es umsonst Häppchen und Kaltgetränke gab.

Während der ersten Wochen meiner Arbeitslosigkeit bemächtigte sich meiner wieder mein alter Albtraum, wenn auch in einer neuen Variante: Nach der ersten *tatsächlichen* Festanstellung würde ich nie mehr eine zweite bekommen, weil alles ohnehin nur ein gigantischer Irrtum gewesen war. Diese Selbstzweifel wurden von meiner Sachbearbeiterin im Arbeitsamt (Akademiker A–F, 3. Stock, Zi. 312) aufs Prächtigste genährt. Frau Carlssen, deren Kopf von einer beeindruckenden Betonfrisur gekrönt wurde, genoss sichtlich die Macht, die sie über arme Würstchen wie mich hatte. »Das können Sie mal gleich vergessen«, beschied sie mir näselnd bei meinem ersten Besuch in ihrem kargen Büro, als ich ihr die Frage nach meinem Berufsziel beantwortete: Lektorin. Und das, obwohl in meinem letzten Arbeitsvertrag schwarz auf weiß »Lektoratsassistentin« gestanden hatte. War es da so vermessen, dass ich vermutete, mein nächster Arbeitgeber könnte mich als Lektorin anstellen wollen?

Ein arrogantes Lächeln, in das sie all ihre Verachtung für meine grenzenlose Naivität zu legen vermochte, umspielte ihre rasierklingendünnen Lippen, während sie mit dem rechten Zeigefinger die Erde einer ihrer hässlichen Topfpflanzen auf Trockenheit hin befühlte. »*Lektorin*, wenn ich das schon höre. Alle kleinen Mädchen, die Germanistik studiert haben, wollen Lektorin werden. Sie haben doch gar keine Chance. Das ist *voll-kom-men* aussichtslos. So – ich habe da heute ein neues Umschulungsprogramm zur Fachredakteurin reingekriegt. Das könnte ich mir für Sie vorstellen ...«

Vermutlich dachte Frau Carlssen, als ich damals so vor ihr saß, dass es sich nicht lohnte, sich für Mädchen wie mich ernsthaft ins Zeug zu legen. Wer wusste denn schon, ob es uns wirklich ernst war? Wollten wir wirklich einen Beruf? Brauchten wir einen? Würden wir nicht vielleicht einen Mann finden, der uns aus der Statistik arbeitsloser Geisteswissenschaftlerinnen zog, indem er uns heiratete und zwei Kinder machte?

Einen Mann wie meinen Kommilitonen Friedrich Fischer beispielsweise. Friedrich vermochte Frau Carlssen binnen Minuten zu überzeugen, dass sich für ihn jeglicher Einsatz lohnen würde, obwohl er ohne einen konkreten Berufswunsch oder sonst einen Plan in ihr Büro marschiert war. Dafür hatte er sich einen schicken Anzug angezogen und sein weltmännisches Lächeln aufgesetzt und sah damit aus wie einer, der schon etwas ist, und nicht wie einer, der erst noch was werden muss.

Beispiel

Bereits bei seinem zweiten Besuch in Zimmer 312 zog Frau Carlssen aus einer Schublade eine Ausschreibung des Kultusministeriums hervor. Wohlgemerkt eine Ausschreibung, die sie mir und drei meiner langzeitarbeitslosen ehemaligen Kommilitoninnen in derselben Woche nachweislich vorenthalten hatte. Und so wurde Friedrich Fischer – bei gleicher Qualifikation, aber ohne jede einschlägige Berufserfahrung – von unserer Sachbearbeiterin mit der Betonfrisur und den trockenen Topfpflanzen auf diesen Superposten im Ministerium gehievt. Dort sitzt er heute noch, ist längst verbeamtet und ein paar Etagen nach oben gerutscht und verdient einen gigantischen Haufen Geld. »Ich weiß gar nicht, was ihr gegen diese Carlssen habt. Ist doch eine klasse Frau«, verkündete Friedrich damals, als Lene, Cora und ich uns mit ihm in der Weinstube Schmälzle trafen, um seine geglückte Vermittlung auf eine richtige Festanstellung zu feiern. Drei weibliche Augenpaare starrten ihn fassungslos an.

Den ultimativen Schlag ins Kontor bekam ich aber erst, als ich zwei Wochen später bei meinem nächsten Termin im Arbeitsamt Frau Carlssen fragte, warum sie unter allen möglichen Kandidaten einzig Friedrich Fischer diese Ausschreibung gezeigt hatte und nicht – sagen wir mal – *mir*. »*Ihnen?*« Die Carlssen machte ein Gesicht, als hätte sie sich verhört. »Sie glauben doch nicht, dass Sie dafür infrage gekommen wären! Das ist ein Posten im *Kultusministerium*.« Sie sprach das Wort aus, als hätte ich sie um sofortige Vermittlung auf das Amt des Bundeskanzlers oder auf den Heiligen Stuhl gebeten. »Der Herr Fischer ist ein ganz anderes Kaliber als Sie. Das kann man doch gar nicht vergleichen.« Und damit war die Sache erledigt. Sosehr ich Friedrich seinen Erfolg gönnte, es blieb mir unbegreiflich: Ein junger Mann, der mit den gleichen Noten das gleiche Studium an derselben Uni wie ich abgeschlossen hatte und gleich alt und gleich intelligent war wie meine Freundinnen und ich, der war also nun plötzlich ein »ganz anderes Kaliber«.

War es Zufall, dass mir in kurzer Zeit der Kretz und Frau Carlssen mit der Betonfrisur vorwarfen, ich sei »ein Mädchen«? Warum brachte ich es nicht fertig, jemanden von meinen »erwachsenen« Fähigkeiten zu überzeugen? Warum forderte ich kein ordentliches Gehalt, sondern war schon glücklich über ein kleines Taschengeld? Inzwischen war ich fast schon dreißig und bekam langsam eine Ahnung davon, dass zwar noch einiges an beruflichem Werdegang vor mir lag, aber das eine oder andere halt auch bereits hinter mir. Und in diese Einsicht mischte sich die merkwürdige Gewissheit, dass ich nie als »erwachsen« gelten würde, egal mit welchen Insignien des Erwachsenseins ich mich umgeben mochte. Die Signale, die auf ewige Spätpubertät geschaltet waren, wurden offensichtlich stärker von der Außenwelt wahrgenommen als die der Reife.

Vor allen anderen kauften mir meine Vorgesetzten das Erwachsensein nicht ab und behandelten mich entweder wie ein ungezogenes Kind, das in seine Schranken verwiesen gehört, oder aber – auf meiner nächsten Stelle – wie ein hoffnungsfrohes Talent, das man fördern muss. Nur komisch, dass ich sicher war, diese Phase müsse bereits hinter mir liegen. Oder doch nicht?

In diesem Dilemma steckte nicht nur ich, sondern sehr viele Frauen – interessanterweise unabhängig davon, welcher Generation sie angehören. Denn was mir widerfahren war, das sah ich sich Jahre später an zahlreichen Praktikantinnen, Volontärinnen und Assistentinnen wiederholen: Wir werden älter, aber wir werden nicht erwachsen. Und wenn wir doch erwachsen werden, dann kriegt es keiner mit.

Mein Leben als Zierfisch

Beispiel

In meinem nächsten Job als Redakteurin bei einer Zeitschrift fing ich unter der Ägide eines väterlichen Vorgesetzten noch einmal ganz von vorne an. Mein Chefredakteur und Mentor förderte mich durch freundliches Lob für meine Beiträge und schickte mich auf Seminare, die meiner Weiterbildung dienten und bei denen man Dinge wie »Termine mit sich selber machen« und »Nein sagen« lernte. Hier wollte mir wirklich keiner etwas Böses, sondern alle – und zuvorderst mein Chefredakteur – wollten immer nur das Beste für mich. Aber das war fast schlimmer. In die jährlichen Berichte, die meine Entwicklung für die Personalabteilung dokumentierten, schrieb er Sätze wie diesen: »Sie kann viel mehr, als sie glaubt oder sich selbst zutraut.« Aha, sehr interessant, dachte ich und freute mich über das Lob. Ich tat jedoch nichts, um dieses Image von Niedlichkeit, Bescheidenheit und Hilflosigkeit, das in diesem Fazit steckte, bis zur nächsten Beurteilung loszuwerden.

Leider ist das ganz typisch Frau. Statt allen zu zeigen, wo der Hammer hängt, und so zu arbeiten, dass da im nächsten Jahr ein Satz steht, der von unserer Initiative und unserem Verantwortungsbewusstsein zeugt, freuen wir uns ernsthaft über eine solche – im Grunde genommen herablassende – Beurteilung und sammeln weitere Bienchen fürs Fleißkärtchen.

Außerdem folgen wir artig weiter den Sprüchen in unseren Poesiealben, die Bescheidenheit verherrlichen und zucken immer noch unter dem Gezeter unserer Mütter und Großmütter zusammen: »Kinder, die was wollen, kriegen was auf die Bollen!« Das Bild der stillen, fleißigen und bescheidenen Cinderella hat sich tief in uns eingebrannt. Wir sind aber keine fünf mehr, sondern steuern scharf auf die fünfunddreißig zu, und für solchen Mädchenkram sind wir definitiv zu alt. Leider war mir das damals noch nicht klar.

Beispiel

»Sie sind eine Zierde für unsere Redaktion«, strahlte mein liebenswürdiger Chefredakteur beim nächsten Personalgespräch und fragte mich dann, wo ich mich in fünf und wo in zehn Jahren sähe. »Äh-hä«, strahlte ich verlegen zurück, guckte mit mädchenhafter Bescheidenheit auf meine Schuhspitzen und antwortete dann wie ein Schaf: »Genau hier, da, wo ich jetzt bin!« Offensichtlich war ich von einem bösen Bannfluch belegt, der mich immer nur defensive und drollige Dinge sagen und tun ließ, denn ehrlicherweise hätte ich antworten sollen, dass ich mich in fünf Jahren auf dem Stuhl der stellvertretenden Chefredakteurin sah und in zehn Jahren auf seinem. Diese – und nur diese – Antwort hätte damals meiner Energie und meinen Ambitionen entsprochen. Und die nötigen fachlichen Fähigkeiten, die erforderliche Berufserfahrung, das Wissen, wie man ein gutes Blatt macht, Mitarbeiter führt, Verantwortung übernimmt und so weiter? *Learning by doing*, dachte ich mir. So viel wie ich arbeitete, würde ich *alles* lernen, wenn man mich nur ließ. Genau auf diese Weise hatte es mein Chefredakteur schließlich auch geschafft, und ich sah keinen Grund, warum ich für seine Position nicht ebenso geeignet sein sollte wie er. Aber keiner dieser Gedanken formte sich in meinem Kopf je in Worte, die meinen Mund verlassen hätten.

In Wirklichkeit war ich nämlich ebenso wenig auf dem Weg zu einer Führungsposition wie ein Zierfisch eine Stufe in der Evolution zum Piranha darstellt. Samt und sonders fühlten wir Frauen in dieser Redaktion uns vom aufrichtigen Wohlwollen unseres Chefredakteurs gebauchpinselt. Dass wir dabei zugleich bevormundet und klein gehalten wurden, merkten wir noch nicht einmal. Ich bin überzeugt, dass ihm selbst am wenigsten bewusst war, was er da tat. Für ihn waren wir die zuckrige Verzierung auf dem harten Brot seiner täglichen Arbeit, und mit unseren weiblichen Eigenschaften hielten wir die Redaktion mit ihren fünfundfünfzig Mitarbeitern zusammen wie eine Familie. Dafür schätzte er uns.

Zudem war es für ihn eine vorteilhafte Dreingabe, dass wir uns alles andere als blöd anstellten, ordentliche Arbeit ablieferten und die Zeitschrift durch unsere Ideen und unsere Tüchtigkeit am Laufen hielten. Wenn er zuweilen inmitten eines Teams junger Frauen saß, unsere Entwürfe lobend durchsah und uns augenzwinkernd zu verstehen gab, dass er mit dem Männerteam im Nebenzimmer viel schlechter klarkam, dann meinte er das auch so. In der Tat wurden Männer in unserer Redaktion tatsächlich viel öfter gefeuert als Frauen. – Die paar wenigen Männer, deren Arbeit unser Chef schätzte und mit denen er gut zurechtkam, die beförderte er dann aber auch nach und nach auf die Chefgrafiker-, Textchef- und Schlussredakteursposten, die er zu vergeben hatte.

Wir wollen nicht »nach oben«

Untersuchungen zufolge entscheiden die ersten hundert Tage in einem neuen Arbeitsverhältnis darüber, wie man sich in einem

Unternehmen positioniert und in welcher Beziehung man zu den anderen Mitarbeitern steht. Die in dieser Zeit ausgesandten Signale werden von Kollegen und Vorgesetzten decodiert; was man hingegen nach diesen hundert Tagen an Zeichen verschickt und an Botschaften ventiliert, wird kaum noch wahrgenommen oder bestätigt einfach nur das bereits geformte Bild. Die reguläre Probezeit beträgt meist drei Monate; dies entspricht in etwa siebzig Arbeitstagen, in denen über die Geschicke des neuen Arbeitnehmers entschieden wird.

Was tun nun Frauen in dieser kritischen Zeit? Sie versuchen, nicht groß aufzufallen, sind primär nett und betreiben nachweislich *bonding* mit Rangniederen. Das bedeutet, sie suchen Zustimmung und Anerkennung bei anderen Frauen. »Nach oben«, also in Richtung der vorwiegend männlichen – und wenigen weiblichen – Vorgesetzten, leisten sie diese Lobby- und Überzeugungsarbeit aus unerfindlichen Gründen nicht. Damit setzen sie ein eindeutiges Zeichen, dass sie sich beruflich lieber nach unten als nach oben orientieren. Ihr Verhalten sagt, seht her, ich bin vollauf damit zufrieden, wenn ich in den unteren Rängen verhungern darf, denn dort stimmt ja die »Atmosphäre«, die Verantwortung ist nicht allzu groß und der Aufgabenbereich überschaubar. Diese neuen Mitarbeiterinnen fallen in der Chefetage selten wegen ihrer Eigeninitiative, Ideen und guten Arbeit auf, sondern – wenn überhaupt – aufgrund ihres Entgegenkommens, ihrer Freundlichkeit und Anpassungsfähigkeit. Natürlich freut das die Männer, denn mit solchen Frauen können sie gut zusammenarbeiten, beziehungsweise sie können sie gut für sich arbeiten lassen. Gefährlich werden sie ihnen nämlich ganz bestimmt nicht.

»Männerdominierte Kultur«

Die dünnere Luft des Gipfels will kaum eine Frau atmen. Der WZB-Studie »Frauen in leitenden Positionen in der Privatwirtschaft« (1998) zufolge haben Frauen unter anderem deshalb kein Interesse an Führungspositionen, weil unklare Vorstellungen darüber herrschen, was sie dort erwartet. Kein Wunder: Das *old boys' network* hält nicht nur zusammen, es hält auch dicht. Möglicherweise könnte sonst durchsickern, dass auch in den Führungsetagen nur mit Wasser gekocht wird. So hingegen schotten die Männer sich in ihrem *inner circle* nach unten ab, also gegen die Frauen. Bei der Accenture-Studie »Frauen und Macht« (2002) wurde von allen befragten Frauen die »männerdominierte Kultur« am Arbeitsplatz als größtes Karrierehindernis genannt. Zugleich sagen die Befragten aber auch, dass der Einsatz männlicher Führungsqualitäten unumgänglich sei. Frauen, die bereits in Führungspositionen sind, geben deshalb auch an, man müsse sich bewusst einer Aufgabe stellen, Entschluss- und Durchsetzungskraft besitzen und über strategische und kommunikative Fähigkeiten gleichermaßen verfügen – Antworten, wie sie gleichlautend auch Männer geben würden.

Bloß keine Macht

»Macht« hingegen scheint für Frauen ein schmutziges Wort zu sein. Sonja Bischoff konstatiert 2005 in ihrer Studie »Wer führt in (die) Zukunft«: »Mehr als die Hälfte der aufstiegswilligen Männer glaubt, viel Macht zu besitzen, bei Frauen sind es deutlich weniger. Vielleicht haben sie einen anderen Realitätssinn –

vielleicht spüren Männer tatsächlich mehr Macht, eine Art *selffulfilling prophecy*.« Und die Accenture-Studie hat festgestellt, dass selbst Frauen, die als Führungskräfte bereits über Macht und Einfluss verfügen, an einer »klassischen Denkstruktur« festhalten: Sie geben – mit Ausnahme einiger Politikerinnen – alle zu Protokoll, Machtstreben sei nie eine Motivation für ihre Karriere gewesen.

An die Macht wollen die Frauen also nicht ran, aber auch die anderen, von Führungskräften genannten Erfolgsfaktoren sind nicht Teil ihrer Agenda. Nur so ist es zu erklären, dass erwachsene Frauen sich in die Harmlosigkeit und Unzurechnungsfähigkeit der Mädchenrolle flüchten. Die meisten setzen auf die völlig falsche Karte, nämlich auf so etwas wie Nettsein, Gefallenwollen, gutes Aussehen und Jungbleiben. Etwas Niedliches, Kulleräugiges wird nämlich nicht so schnell bestraft und kritisiert wie eine erwachsene Frau, die auch einmal Widerworte gibt, etwas riskiert, selbstständig entscheidet und dabei manchmal auch Fehler macht.

Der von Lucilectric geträllerte Popsong »Weil ich ein Määäääähhäähhäädchen bin!« gab vor nahezu zwanzig Jahren vermutlich das Fanal für diesen ganzen Quatsch, aber es wurde seither eher schlimmer. Inzwischen tummeln sich die ewigen Girlies nämlich auch auf unseren Büroetagen. Wie aber soll man im Job mit einer über Dreißigjährigen umgehen, die sich ein Micky-Maus-Pflaster auf eine Schnittwunde klebt, auf deren bauchfreiem T-Shirt »Rotzlöffel« steht und deren Stimme, Gesten und Vokabular denen einer Vierzehnjährigen entsprechen? Kann man sie überhaupt wie eine Erwachsene behandeln, oder wirft sie sich bei der erstbesten Arbeitsanweisung trotzig auf den Fußboden? Manche Männer mögen solche Mädchen allerdings ganz gerne, verkörpern sie doch eine permanente Bestätigung, dass sie selbst sich viel geschickter angestellt haben als ihre infantilen Altersgenossinnen. Die Männer sitzen auf den Stühlen, auf denen wir genauso gut vor zehn Jahren hätten Platz nehmen können, wenn wir damals nicht gerne so blöde Sachen gesagt hätten wie: »Ich traue mir das noch nicht zu.« – »Ich bin noch nicht so weit.« – »Ich kann das nicht.«

Frank Schirrmacher wurde mit dreißig Jahren Leiter der Redaktion »Literatur und literarisches Leben« der *FAZ*, ein Ressort, das er von seinem väterlichen Mentor Marcel Reich-Ranicki übernahm; mit fünfunddreißig Jahren war er zum Herausgeber und Feuilletonchef von Deutschlands renommiertester überregionaler Tageszeitung aufgestiegen. Kai Diekmann war sechsunddreißig, als er *Bild*-Chef wurde; Stefan Aust wurde mit fünfundzwanzig Jahren *Panorama*-Redakteur und übernahm mit knapp fünfzig Jahren als Herausgeber den *Spiegel*. Claudius Seidl schrieb schon mit vierundzwanzig für die *Süddeutsche Zeitung, Die Zeit* und *Tempo* und wurde mit zweiundvierzig Jahren Feuilletonchef der *FAS*. Erst fünfundvierzig Jahre alt ist heute auch Mathias Döpfner, der Musik- und Theaterwissenschaften studiert hat und Vorstandsvorsitzender von Deutschlands größtem Zeitungsverlag, der Axel Springer AG, ist. In seinen Dreißigern war er bereits Chefredakteur der *Welt* und der *Wochenpost*. Christoph Becker war im Alter von fünfunddreißig Jahren Oberkonservator der Staatsgalerie Stuttgart und ging mit nur vierzig Jahren als Direktor ans Kunsthaus Zürich. Max Hollein war dreiunddreißig, als er erst ein, dann alle drei großen Frankfurter Museen als Direktor übernahm, und Frank Castorf noch keine vierzig, als er Intendant der Volksbühne in Berlin wurde. Die haben alles richtig gemacht. Und wo sind wir?

Offenbar eher in Bambis Welt. Wir hoffen, dass man uns nichts abverlangt und uns schont. Statt der Gesetze des Dschungels erwarten wir eine Sonderbehandlung wie im Streichelzoo und sind sofort von den Kollegen enttäuscht und vom Job entmutigt, wenn es rauer kommt, als wir dachten. Unser bisheriges Leben hat uns auf die Realität im Beruf nicht vorbereitet, und es mangelt uns an anderen Frauen, an denen wir uns orientieren könnten.

Die Rollenvorbilder fehlen

Taugliche Rollenvorbilder fehlen uns Frauen schon während der Adoleszenz und später im frühen Erwachsenenleben, also in einer Zeit der permanenten Orientierungslosigkeit, in der man sich wünscht, dass eine einem vormacht, wie man leben soll, und nicht nur, wie man aussehen soll. Männern hingegen fällt es nicht weiter schwer, ihre Götter und Helden aus dieser Lebensphase zu benennen. So schreibt Claudius Seidl in seinem Buch *Schöne junge Welt* über die Zeit zwischen zwanzig und fünfundzwanzig: »(Wir) hatten damals damit angefangen, Biografien wie Fahrpläne fürs richtige Leben zu lesen. Fassbinder hatte mit dreiundzwanzig seinen ersten Film gedreht. Orson Welles war dreiundzwanzig, als sein Bild zum ersten Mal auf dem Titel von *Time* erschien. F. Scott Fitzgerald hatte *Die Schönen und Verdammten* mit fünfundzwanzig geschrieben.«

Karikaturen von Weiblichkeit

Im Vergleich zu den männlichen Vorbildern, die zu verschiedenen Zeiten und in verschiedenen Segmenten der Gesellschaft als konsensfähig durchgehen können, ist es in der Tat erschreckend, welche Frauen von Millionen anderer Frauen offensichtlich bewundert, belacht und beklatscht werden. Man kann nur inständig hoffen, dass keine erwachsene Frau diesen Karikaturen von Frausein und Weiblichkeit ernsthaft nacheifert. In Fernsehserien mit riesigen Einschaltquoten wie *Ally McBeal*, *Sex and the City* oder *Desperate Housewives* sehen wir, wie sich erwachsene Frauen erniedrigen, prostituieren oder gegenseitig bis aufs Blut bekriegen, um den Mann fürs Leben zu bekommen. Bei *Ally McBeal* sind zwar fast alle Frauen erfolgreiche Anwältinnen und Richterinnen, aber was sie uns da kieksend, kichernd, trippelnd, hyperventilierend und konfus in bunt bedruckten Schlafanzügen oder viel zu kurzen Röckchen vorspielen, hat mit dem wirklichen Berufsleben in etwa so viel zu tun wie Batmans Weltrettungs-Einsätze mit dem Arbeitsalltag eines Kommunalpolitikers.

Auf den ersten Blick etwas vorbildtauglicher angelegt sind die Frauen in der erfolgreichen Serie *Sex and the City*. Immerhin sind sie blitzgescheit und witzig und arbeiten als PR-Beraterin, Journalistin, Galeristin und Anwältin. Zwei von ihnen – die PR-Beraterin Samantha und die Anwältin Miranda – sind karriereorientiert und haben beruflichen Ehrgeiz. Aber nur die Anwältin überzeugt durch fachliches Können und harte Arbeit in der Kanzlei, während Samantha ihre Klienten vorwiegend akquiriert, indem sie viel Bein zeigt, offensiv flirtet oder die Bluse aufknöpft.

Interessanterweise lehnen fast alle Männer, die man zu den vier weiblichen Hauptfiguren der Serie befragt hat, die rothaarige Miranda als Frau ab: Sie empfinden sie als schlagfertig, intelligent, charakterstark und (auch deswegen) als unsexy oder sogar frigide, wofür die einzelnen Episoden der Serie nicht den leisesten Hinweis geben. Diese Art von beruflichem Erfolg ist in den Augen von Männern augenscheinlich in hohem Maße unerotisch.

Die Galeristin Charlotte und die Journalistin Carrie arbeiten zwar gerne (wenn auch eher selten), verwenden ihren Ehrgeiz aber in erster Linie darauf, Mr. Right an Land zu ziehen, und dazu ist ihnen jedes Mittel recht. Hauptsache, es katapultiert sie auf die richtigen Partys und die Rücksitze dicker Limousinen. Hätten Charlotte und Carrie nicht die beiden anderen als Korrektiv, dann würden sie mit »der Stimme eines Streifenhörnchens« (so die *Sex and the City*-Autorin Candace Bushnell) über nichts anderes als Eiweißomeletts, Sandaletten von Manolo Blahnik und die Ehe als Lebensziel sprechen.

Die *Desperate Housewives* haben es zwar faustdick hinter den Ohren, zünden Häuser an, erpressen, lügen, begehen Ehebruch und erziehen mit knallharten Methoden ihre Kinder wie auch ihre Ehemänner, aber unterm Strich bleiben sie dann doch, wie der Titel sagt, *desperate* – verzweifelt. Und natürlich *housewives*: Keine von ihnen – außer der ehedem beruflich erfolgreichen Lynette, die jetzt mit einem Stall voll absolut nervtötenden Kindern und einem wenig hilfreichen Ehemann am schlimmsten von allen gestraft ist – geht je einer geregelten Arbeit außerhalb der eigenen vier Wände nach. Hausarbeit ist auch Arbeit und Muttersein erst recht, das steht außer Frage. Warum sich allerdings vier gestandene Frauenzimmer um die vierzig noch immer aufführen wie Teenager, stottern, rot werden und alles fallen lassen, nur weil ein gut aussehender Junggeselle ins Nachbarhaus einzieht oder der Gärtner das Hemd auszieht, das kann man dann als erwachsener Mensch bei aller Sympathie doch nicht mehr so ganz nachvollziehen.

Himmelschreiende Blödheit

In der Unterhaltungsliteratur sieht es nicht besser aus: Hunderttausende von Frauen lieben es offensichtlich, bei beruflich ambitionslosen Trampeln wie Bridget Jones, Cora Hübsch, Puppe Sturm, Belle oder Elli (die eigentlich Annabelle und Elisabeth heißen, aber Elli und Belle ist ja viel niedlicher und wirkt so wunderbar hilflos) mitzufiebern, wie sie trotz himmelschreiender Blödheit, in schlimmsten Akten der Anbiederung und Würdelosigkeit ihren Traummann an Land ziehen. Keine dieser weiblichen Witzfiguren hat je einen einzigen Kommentar zur politischen Lage oder zum Klimawandel abgegeben, geschweige denn hat eine von ihnen auch nur ansatzweise versucht, in ihrem Job zu reüssieren. Beruflicher Ehrgeiz – so die Botschaft all dieser Filme und Bücher – und ein Verhalten, das womöglich auf eine komplexe Persönlichkeit hinweisen könnte, würde einen potenziellen Heiratskandidaten vielleicht erschrecken und in die Arme einer anderen treiben. Das darf eine Frau auf gar keinen Fall riskieren. Also machen wir weiterhin sanfte Rehaugen, legen den Kopf schräg und schauen zu den Männern auf, auch wenn sie kleiner sind als wir.

Untaugliche Vorbilder sind auch die Heldinnen zweier Bestseller aus den USA: Lauren Weisberger schrieb in *The Devil wears Prada* über ihre Erfahrungen als Assistentin der Chefredakteurin der amerikanischen Vogue, und Nicola Kraus und Emma McLaughlin verarbeiteten in *The Nanny Diaries* ihre Jahre als Kindermädchen auf der New Yorker Upper East Side. Schon nach wenigen Seiten Lektüre kann man als vernünftige Frau eigentlich nur zu dem Schluss kommen, dass man als Arbeitgeberin diese Hasen aus der Hölle ebenfalls in hohem Bogen gefeuert hätte. Dennoch haben die beiden nahezu 30-jährigen Dumpfbacken Andy (eigentlich Andrea) und Nanny (eigentlich Nan) ein begeistertes Echo bei ihrer Generation gefunden. Augenscheinlich fühlen sich sehr viele Frauen in ihren Jobs ungerecht behandelt, wenn Arbeitgeber und Kollegen ein Verantwortungsbewusstsein und eine Reife von ihnen fordern wie von Erwachsenen.

Das Resultat davon sieht so aus: Laut einer aktuellen Sparkassen-Studie ist in 34 Prozent der Lebensgemeinschaften die Frau finanziell abhängig von ihrem Mann. Während in Kleinstbetrieben mit einem bis neun Beschäftigten rund ein Viertel und in Kleinbetrieben mit zehn bis 49 Beschäftigten ein Fünftel der obersten Leitungspositionen mit Frauen besetzt ist, sinkt ihr Anteil in den Großbetrieben auf unter 5 Prozent (Führungskräftestudie 2004 des Instituts für Arbeitsmarkt- und Berufsforschung, IAB). Bravo, da haben wir uns ja prima die Butter vom Brot nehmen lassen. Und akzeptieren das auch noch einfach so. Oder gibt es irgendwo ein Anzeichen, dass sich eine Frauenpartei formiert oder wir für so etwas Selbstverständliches wie tatsächliche Gleichberechtigung auf die Straße gehen?

Wenn wir so weitermachen wie bislang, dann ist uns wirklich nicht zu helfen. Wir werden dann leben wie in der Bierwerbung: Drei Männer setzen eine Frau vor einen kleinen Fernseher, wo ein uralter Schwarzweißfilm läuft: Paarlauf auf dem Eis zu romantischer Musik. Sie bekommt glänzende Augen. Die drei knallen noch eine kleine Blumenvase auf den Fernseher, werfen dem Dummchen ein besticktes Kissen auf den Schoß, rennen dann ins Nebenzimmer und setzen sich aufs Sofa vor einen Fernseher mit riesigem Flachbildschirm. Dort wird gerade live ein Fußballspiel übertragen. Die drei Typen haben die Frau verarscht und kaltgestellt, um sich selbst den größtmöglichen Vorteil zu verschaffen. Sie sind unter sich, und sie haben gewonnen. Aus dem Off hört man: »Auf uns, Männer.«

Von der Mädchenfalle in die Mutterfalle

Der selbst verschuldete oder zumindest ohne große Widerstände hingenommene Karriereknick, den Frauen meist dann erleben, wenn ein großer beruflicher Schritt eigentlich anstünde, fällt zeitlich oft zusammen mit dem ersten Kinderwunsch oder auch mit den letzten biologisch möglichen Monaten für eine Empfängnis. Schließlich katapultiert man sich in fast keiner Branche mit unter dreißig Jahren in die Topränge und auch nicht mit über vierzig, wenn man wieder in den Beruf zurückwill, nachdem die Kinder aus dem Gröbsten raus sind. Wer sich das eine oder das andere einredet, träumt.

So verschieben etliche Frauen ihren Kinderwunsch auf eine unbestimmte Zeit nach dreißig, aber auch die Karrieren verzögern sich aus einer Vielzahl von Gründen: zu lange Studiendauer, zu lange Phasen von Praktika, Volontariaten und Ausharren auf anspruchslosen Jobs. Irgendwann hat man dann weder das eine noch das andere, also weder Kinder noch eine nennenswerte Karriere. Frauen sind hier gegenüber Männern eindeutig benachteiligt.

»Ich bleibe dann mal zu Hause«

Unzählige junge Paare in meinem Bekanntenkreis sind in den letzten Jahren mit den schönsten Szenarien von Gleichberechtigung und Arbeitsteilung zum Kinderkriegen angetreten, und bei nicht einer einzigen dieser Familien bleibt heute der Mann zu Hause.»Ja, weißt du, es war dann bei Frank halt doch nicht so sicher, ob er danach noch wirklich Bereichsleiter ist, wenn er jetzt den Erziehungsurlaub nimmt.« – »Aber du kannst doch auch nicht garantiert zurück auf deine Stelle als Leiterin der Presseabteilung.« – »Das stimmt, aber das ist dann nicht so schlimm.« – »Und warum nicht? Ich dachte, du verdienst mehr als Frank.« – »Ja, schon, aber ich glaube, ich stecke das besser weg als er, dass ich jetzt eine Zeit lang nicht arbeiten gehe.« Daher weht nämlich in den allermeisten Fällen der Wind. Deshalb ähnelten sich auch die drei Dutzend Gespräche, die ich mit jungen Müttern geführt habe, sehr stark.

Selbst wenn der Mann während der zweiten Schwangerschaft der Partnerin arbeitslos wurde, waren beide sich einig, dass *er* nach der Geburt des zweiten Kindes wieder nach Arbeit suchen sollte. »Na ja, ist ja besser so, weißt du. Jetzt genießen wir erst mal die Schwangerschaft zu dritt zu Hause. Der Thomas kriegt danach viel eher wieder einen Job als ich. Wer nimmt schon eine Frau mit zwei kleinen Kindern? Ach so, ja, auf meine alte Stelle will ich ohnehin nicht zurück. Ich habe da schon nach der ersten Schwangerschaft bloß noch solche Hiwi-Sachen gemacht.«

Bei vielen Paaren schätzen *beide* Partner den Job des Mannes als besser oder sicherer ein, auch wenn er als freier Künstler tätig ist. »Für Gerd ist es ganz wichtig, dass er jeden Tag in sein Atelier geht, da will ich ihn nicht einschränken und auf bestimmte Uhrzeiten festlegen, die er dann fürs Kind da sein muss. Deshalb haben wir jetzt doch beschlossen, dass ich meinen Job als Kunsterzieherin erst mal aufgebe. Mir macht das ja auch Spaß mit dem Kind zu Hause.« Natürlich macht das Freude und bringt Erfüllung, aber warum nur ihr? Und ruck, zuck! ist viel Zeit vergangen und der Rückweg in den Beruf gar nicht mehr so selbstverständlich. Und so kommt es denn auch, dass 40 Prozent der Mütter nach der Elternzeit überhaupt nicht mehr in den Job zurückkehren. Weitere 40 Prozent leben in einer »modernen Ernährerkonstellation«. Was das heißt, erklären die Journalistinnen Catrin Boldebuck und Doris Schneyink im *stern (32/2008)* so: »Er arbeitet 40 Stunden, sie um die 20. Er macht Karriere und schafft den größten Teil des Einkommens herbei. Sie verdient ein bisschen dazu und hält ihm den Rücken frei. Im Fußball würde man sagen, sie spielt auf der Libero-Position – hinten hält sie den Laden zusammen und rückt ab und zu in die Spitze vor. Dieses Modell hat die traditionelle Hausfrauen-Ehe abgelöst und den Arbeitsmarkt radikal verändert: So hat sich die Zahl der Teilzeit-Jobs in den vergangenen 15 Jahren von 5,5 Millionen auf 11 Millionen verdoppelt. Jede dritte Stelle ist keine Vollzeit-Stelle mehr. Und es sind zu 75 Prozent Frauen, die diese Jobs übernehmen.« Und damit nicht genug: Die Hälfte der Teilzeitjobs ist miserabel bezahlt.

»Schuld« daran sind nicht immer die fehlenden Kinderkrippen in Deutschland. Laut einer von der EU geförderten Regionalstudie am Niederrhein (2007) verbauen sich auch die Frauen selbst die Rückkehr in den Beruf. Denn statt offensiv mit der Situation umzugehen, schließen viele werdende Mütter vor dem Ausstieg einfach die Augen und sind dann bei ihrer Rückkehr überfordert. Häufig passiert dann Folgendes: Die Frau will Teilzeit arbeiten, der Arbeitgeber bietet aber nur eine unterqualifizierte Position an. Daraufhin steigen die Frauen tatsächlich unter ihrem eigentlichen Niveau wieder ein, oder lassen die Arbeit gleich ganz sausen. Beides müsste nicht sein, wenn die Frauen mit ihren Chefs rechtzeitig vernünftige Lösungen erarbeiteten. Zum Beispiel so:

- *Punkt 1:* Verabreden Sie, in welchen Abständen Sie während Ihrer Auszeit miteinander telefonieren, oder, besser noch, sich treffen. So bleiben Sie am besten in Kontakt.
- *Punkt 2:* Klären Sie, welche Arbeitsinhalte Ihnen wichtig sind und was das für die Organisation Ihrer Arbeitszeit bedeutet. Sprich: Wie viele Stunden müssen Sie vor Ort im Unternehmen sein und was ist in Form von Telearbeit machbar.
- *Punkt 3:* Sprechen Sie über die Kinderbetreuung. Gibt es eine betriebliche Kleinkinderbetreuung, hat das Unternehmen Kontakt zu einer bestimmten Krippe oder zu Tagesmüttern, bezuschusst das Unternehmen die Betreuungskosten? Kümmern Sie sich tatsächlich schon vor Ihrem Ausscheiden um einen Betreuungsplatz. Nach der Geburt versinken Sie womöglich in einem dichten »Stillnebel« oder einfach in einer rosablauen Babywelt, aus der Sie ein Jahr lang nicht mehr auftauchen. Und dann sind alle Krippenplätze weg.
- *Punkt 4:* Fragen Sie, ob Sie während Ihrer Auszeit an Fortbildungen, wichtigen Workshops oder Meetings teilnehmen können. So geraten Sie während Ihrer Abwesenheit nicht in völlige Vergessenheit.

Heinz am Herd

Dass sich Frauen mit der Geburt ihres ersten Kindes nicht zwingend selbst ins Aus kicken müssen, beweist die zwischen Männern und Frauen geteilte Elternzeit in den skandinavischen Ländern und die hohe Quote an Frauen, die dort – auch wenn sie mehrere Kinder haben – wieder an ihren Arbeitsplatz zurückkehren können. Bei unseren europäischen Nachbarinnen im

Norden erledigt sich nämlich durch Kinder das Thema Karriere nicht so automatisch wie bei uns.

Auch wenn Männer hierzulande immer öfter auch in Elternzeit gehen (oder zumindest Elterngeld beziehen, was immer sie dann tatsächlich in dieser Zeit tun) – die beruflichen Nachteile, die das Kinderkriegen wie einen bösen Zwilling begleiten, werden immer noch fast ausschließlich von den Frauen getragen. Zwar ist es auch mit deren Karriere nach ein oder mehreren Schwangerschaften meist ein für alle Mal vorbei, aber sie scheinen das nicht so tragisch zu sehen wie die Männer. Um sich herum sehen sie lauter junge Frauen, denen es ebenso geht. Ist doch normal, oder? Die gesellschaftlichen Vorbilder, also Frauen, die es wirklich schaffen, Kinder und Karriere gleichzeitig zu haben, ohne den Verstand zu verlieren, fehlen nämlich – von den stets zitierten Ausnahmen wie Ursula von der Leyen, Heidi Klum oder Claudia Schiffer einmal abgesehen. Aber welche Frau kann schon ihr Leben mit dem dieser Vorzeigefrauen vergleichen?

Unter Berufsmüttern

Wenn man an einem ganz normalen Werktag durch den Prenzlauer Berg geht, dann begegnen einem dort wahre Armeen von Berufsmüttern. Kommt man mit ihnen ins Gespräch, weil man sich am Rand eines Spielplatzes zum Lesen oder Eisessen in die Sonne setzt, entblättern sich nahezu identische Lebensläufe. Die Frauen sind alle zwischen dreißig und vierzig Jahre alt, alle haben studiert. Fast keine hat je in Festanstellung gearbeitet, und wenn, dann nur wenige Jahre und ohne messbare Karriereschritte. Irgendwo soll das ganze akademische Wissen jetzt aber hin, und auch die angestaute Energie und die vielen Ambitionen wollen in eine sinnvolle Bahn gelenkt werden. Was eignet sich dafür besser als das eigene Kind? Hier hat man endlich ein Projekt vor sich, bei dem man gar nicht scheitern kann, weil einem kein Depp von verständnislosem Chef und keine Pissnelke von Kollegin einen Strich durch die Rechnung machen werden. Auch wird man nicht am eigenen Uncoolsein scheitern, denn nichts ist derzeit hipper und cooler als Muttisein in Prenzlauer Berg.

So wird das kleine Wesen, das sich noch nicht dagegen wehren kann, von einer Berufsmutter aufs Ehrgeizigste betreut, besungen, besprochen, bespielt und betanzt. Um ihre Konkurrentinnen aus dem Feld zu schlagen, umgibt sich die Vollzeitmutter mit den Insignien ihrer Macht, nämlich dem angesagtesten Kinderwagen oder Buggy, total durchgestylten Kinderklamotten und ökologisch einwandfreiem Spielzeug. Vom Spielplatz weg verschleppen die jungen Mütter ihre Zwerge zu Babyyoga und Babymassage, zum Säuglingsschwimmen oder zum Französischunterricht für Zweijährige. Und was diese Frauen im Berufsleben nie konnten, nämlich konkurrieren – auf dem Spielplatz, in der Krabbelgruppe und in den Cafés bringen sie es darin plötzlich zur Perfektion. Da sitze ich also nun, esse mein Eis und stelle mir vor, wie prima es wäre, diese ehrgeizigen Ellenbogenbesitzerinnen mit ihrer Energie, Taffheit und ihren Ideen als *workforce* in die ortsansässigen Firmen zu integrieren. Aber die Profi-Mütter wollen nicht, beobachtete auch Barbara Vinken in ihrem Buch *Die deutsche Mutter: Der lange Schatten eines Mythos*: Sie »kauften nur in Bioläden ein und machten durch Rucksack und Gesundheitsschuhe, durch geschnittene Äpfel und Möhren in Tupperware jedem klar, dass sie Wichtigeres zu tun hatten, als sich um so etwas Oberflächliches wie Schönheit, Stil oder die Normen der Arbeitswelt zu kümmern«. Sie fordert, dass »Mütter als normale Erwachsene in einer Welt der normalen gesellschaftlichen Verpflichtungen, der politischen, erotischen, wirtschaftlichen Bewegungen und Attraktionen weiterleben können, statt im bestgeschützten Reservat der Welt, der deutschen Mutter-Kind-Symbiose, zu verschwinden.«

Damit wir uns nicht falsch verstehen: Junge Mütter zählen tatsächlich zu meinen liebsten Kolleginnen. Ich schätze die Tatsache, dass sie nicht so leicht aus dem Konzept zu bringen sind, dass sie an siebzehn Dinge gleichzeitig denken und binnen Sekunden acht Vorgänge nach ihrer Wichtigkeit sortieren können. Was das Multitasking angeht, stellen Frauen mit Kindern ihre männlichen Kollegen weit in den Schatten: Sie machen Zeitpläne, setzen Prioritäten und arbeiten konzentriert und zügig. Anders als andere Kolleginnen, die auch mal zur Not ein, zwei Überstunden an ihren Arbeitstag dranhängen können, müssen sie um siebzehn Uhr los, um ihre Kinder aus der Betreuung abzuholen. Jede Minute im Büro ist bei diesen Frauen sinnvoll genutzt, und sie gehen einem auch nicht auf die Nerven, weil sie ihre Zeit damit verplempern, die Kaffeetassen in der Küche nach Größe zu sortieren, wofür sie schließlich keiner bezahlt. Kurzum: Junge Mütter sind die idealen Arbeitskräfte, nur leider scheinen sie selbst das oft gar nicht zu wissen und sterben fast vor Pein, wenn an ihrem Pullover ein kleiner Klecks Babybrei klebt. Vielleicht zollen ihnen die Nicht-Mütter auch einfach zu wenig offene Anerkennung.

Mütter kontra Nicht-Mütter

Oft ist das gar keine böse Absicht. Es gibt immer mehr Nicht-Mütter, die sich hauptsächlich unter Ihresgleichen bewegen – das heißt, in einer völlig anderen Welt als die Mütter. Zwischen beiden Welten gibt es offenbar erhebliche Kommunikationsprobleme.

Beispiel

Im letzten Jahr traf ich mich übers Wochenende mit einer Gruppe ehemaliger Kommilitonen; ein rundes Dutzend Männer und Frauen – alle um die vierzig – waren in gleicher Anzahl vertreten. Als wir uns gegenseitig erzählten, wie es uns in den letzten Jahren ergangen war, stellten wir fest, dass wir alle inzwischen in unseren Berufen recht erfolgreich waren. Abgesehen von einer, die nach einem abrupten und absichtsvollen Ende ihrer recht hoffnungsvollen Karriere und einem Umzug ins Ausland als Spätgebärende ein Kind bekommen hatte, waren wir Frauen alle kinderlos geblieben. Bei den Männern bot sich das umgekehrte Bild: Bis auf einen hatten alle Kinder, beziehungsweise es hatten, wenn man genau hinhörte, ihre Frauen die Kinder (dafür aber in den meisten Fällen keinen Beruf mehr).

Unsere Gruppe spiegelte ziemlich exakt das wider, was sich derzeit gesamtgesellschaftlich an der Gebärfront abspielt: Nach Schätzungen des Bundesinstituts für Bevölkerungsforschung bleiben 30 Prozent der Frauen, die nach 1966 geboren sind, ohne Kinder. Die Zahl der kinderlosen Akademikerinnen wird mit 40 Prozent beziffert. Als ob dies alles nicht schon alarmierend genug wäre, verschärft sich die Situation zusätzlich durch die gesellschaftliche Kluft, die sich auftut und die Betriebe, Unternehmen, Firmen genauso spaltet wie Freundeskreise oder andere ansonsten homogene Gruppen: Mütter kontra Nicht-Mütter. Keines der beiden Lager, die einander unversöhnlich gegenüberstehen, bringt die mindeste Toleranz für das andere auf. Die Mütter unterstellen den Nicht-Müttern Egoismus, Hedonismus, Intoleranz, Desinteresse an gesellschaftlichen Belangen und Karrieregeilheit.

Währenddessen schimpfen die Nicht-Mütter auf die Mütter, weil diese dauernd wegen der Kinderkrankheiten der lieben Kleinen nicht zur Arbeit erscheinen, ihre Teilzeitregelung alle Arbeitspläne umschmeißt und die Nicht-Mütter ihren Job dann mit erledigen müssen. Zudem nervt es die Kinderlosen, dass die Mütter gefühlte fünfmal am Tag panische Telefongespräche mit der Tagesmutter führen und dafür sogar aus wichtigen Meetings geholt werden oder dass man mittags in der Kantine kein Gesprächsthema mehr findet, das nicht mit Kindern zu tun hat. Auch will man sich als Nicht-Mutter nicht ständig als Mensch zweiter Klasse fühlen müssen, wenn die Mütter kaum noch einen Satz bilden können, der nicht mit »Du kannst das ja nicht beurteilen, du hast ja keine Kinder...« beginnt oder endet. Dabei ist das so dumm – und beide Lager verhalten sich falsch, unter anderem deshalb, weil der gesellschaftliche Kontext Mütter und Nicht-Mütter in diese polarisierten Positionen treibt.

Die überwiegende Mehrzahl der Frauen, nämlich nahezu 80 Prozent, nennt »ganztägige Kindertagesstätten« an erster Stelle, wenn die beste Strategie definiert werden soll, um einen höheren Anteil von Frauen in Führungspositionen zu erzielen. Weniger als 20 Prozent der Frauen wünscht sich eine verbindliche Quote zur aktiven Frauenförderung (unter anderem laut Accenture 2002). Es geht uns nämlich nicht darum, dass wir wie Minderheiten per Quote auf gehobene Positionen gehievt werden wollen, auf die wir ohne diesen Ausnahmebonus vielleicht nie kämen. Schlussendlich ist das kontraproduktiv und wird uns wie ein Bumerang an den Kopf fliegen. Gerade die Frauen, die es schon geschafft haben, wollen für sich und andere eine *tatsächliche* Gleichberechtigung. Diese wird aber nur erreicht werden, wenn eine Frau die gleiche Ausgangsposition hat wie ein Mann, wenn sie also nicht vierundzwanzig Stunden am Tag mit der Betreuung und dem Großziehen von Kindern beschäftigt ist.

Kind und Karriere – beides ist möglich

Eine jüngere Studie, ebenfalls aus dem Hause Accenture, macht ein wenig Mut: Dabei wurden mehr als 1 600 berufstätige Frauen in Führungspositionen befragt, davon 302 in Deutschland (nicht repräsentative Online-Umfrage, September 2007). Und siehe da: Chefinnen wollen nach der Geburt eines Kindes schnell in ihren bisher ausgeübten Beruf zurückkehren. Lediglich 3 Prozent wollen ausschließlich für ihre Familie da sein. 91 Prozent der befragten Frauen glauben, dass es möglich ist, Familie, Kinder und Beruf mithilfe von flexiblen Arbeitszeiten und Teilzeit-Modellen miteinander zu vereinbaren. Wunsch und Wirklichkeit klaffen allerdings noch auseinander: Nur 77 Prozent der befragten Frauen berichteten von Teilzeitmodellen in ihrem Unternehmen, 61 Prozent von flexiblen Arbeitszeitmodellen.

Achtung, Mädchenfalle!

Do:

- Das Arbeitsklima erspüren und sich darauf einlassen.
- Souverän auftreten, ohne überheblich oder besserwisserisch zu wirken.
- Strategische Allianzen bilden, am besten mit Gleichrangigen oder Ranghöheren.

- Zielführend arbeiten, auch in kreativen Prozessen.
- Das eigene Können und Wissen in kleinen Dosen in den Job einbringen.
- Sich aktiv an Netzwerken beteiligen.
- Den Wiedereinstieg in den Job aktiv planen.
- Während der Elternzeit Kontakt zum Unternehmen halten.

Don't:

- Den Männern deutlich zeigen, dass man ihre Machtspiele durchschaut, und sich vor allen anderen darüber lustig machen. Beleidigt sein, wenn andere anderer Meinung sind, scheinbare Verbündete einem plötzlich in den Rücken fallen.
- Zutiefst verletzt sein, wenn andere konkurrieren oder auf den Stuhl wollen, auf dem man selbst gerade sitzt.
- Sich häuslich auf einer niederen Ebene einrichten, da man dort nicht so viel falsch machen kann.
- Solidarität bei Rangniederen suchen.
- Von Netzwerken nur eigene Vorteile in Form guter Kontakte erwarten.
- Eine nette Arbeitsatmosphäre wichtiger finden als Karrieremöglichkeiten.
- Gefühlsduselig in die Elternzeit verschwinden und hoffen, dass die Rückkehr in den Job irgendwie klappen wird.

4.
Kuscheln in der Amateurliga

Es klingt hart, aber faktisch ist es so: Viele Frauen verhalten sich im Job absolut unprofessionell. Sie verwechseln ihren Chef mit ihrem Papa, ihre Vorgesetzte mit ihrer Freundin, ihr Büro-Outfit mit ihren Strand-Klamotten, ein Meeting mit einem Kaffeklatsch. Sie drücken sich vor jeglicher Verantwortung und verlieren gleichzeitig die Bodenhaftung. Frauen haben zwar die besseren Studienabschlüsse und vielleicht auch mehr Grips – aber sie sind im Job einfach nicht cool. Das ist der Grund, warum sie lebenslänglich in der Amateurliga kicken. Was für eine Verschwendung!

Der Chef als neuer Papa

Als wir als junge Erwachsene in unsere ersten festen Arbeitsverhältnisse gerieten, wussten wir mit dieser neuen Situation, in der es plötzlich wieder eine Autorität in unserem Leben, also Vorgesetzte oder einen »Chef«, gab, nur schlecht umzugehen. Wir hatten auf Autoritäten wie Eltern, Lehrer, Professoren bislang mit Rebellion, Anpassung, Unterwerfung oder einer ironischen Distanz reagiert, aber keine dieser Haltungen ließ sich auf den beruflichen Alltag übertragen. Im Gegensatz zu Männern, die sich meist willig in Hierarchien einfügen, scheinen Frauen oft gar nicht recht zu wissen, was die Instanz »Chef« bedeutet. Gerade sehr junge Frauen, die postemanzipatorisch denken, sind durch einen männlichen Vorgesetzten abwechselnd erheitert oder verunsichert. Eigentlich passt er nicht in ihr Weltbild, aber von einem Tag auf den anderen arbeiten sie für ihn. Und nun fallen sie gerne zurück in ein uraltes Kindheitsmuster, wollen gefallen und es ihm und allen anderen recht machen, und rutschen rasch in eine Situation, in der Kollegen und Chefs plötzlich ihrerseits Grenzen überschreiten. Diese Frauen erkennen nicht, dass sie selbst es versäumt haben, klare Grenzen zu ziehen, und die Problemzone weniger »der Mann« ist als vielmehr ein Gesamtkuddelmuddel, an dessen Entstehung sie einen erheblichen Anteil haben.

Ende der 80er Jahre hatte ich in einem Uniseminar über »Das Begehren in den Romanen von D. H. Lawrence« Cora und Lene kennen gelernt und mich mit beiden im Laufe des Semesters angefreundet. Kurz nach ihrem Magisterabschluss – ein halbes Jahr nach meinem und Coras – schaffte Lene, wovon wir alle träumten: Sie wurde frisch von der Uni weg von einem Wissenschaftsverlag als Lektorin angestellt, und das sogar für ziemlich viel Geld, jedenfalls für unsere Verhältnisse. Im Gegensatz zu Cora und mir, die wir noch immer auf die finanzielle Unterstützung unserer Eltern angewiesen waren, wenn wir einen Wintermantel oder vernünftige Schuhe brauchten, konnte Lene nun einen autonomen, fast schon luxuriösen Lebensstil genießen. Doch sehr bald schon gehörten zu ihrem Job häufig auch abendliche und nächtliche Überstunden, die ihr Verleger gerne in teure Restaurants verlegte, wo man noch mal eben bei einem elsässischen

Feinschmeckermenü und einer Flasche Cremant die Fahnen der historisch-kritischen Kierkegaard-Ausgabe gemeinsam durchging.

Beispiel

Dass irgendetwas nicht in Ordnung war, bemerkten Cora und ich erst, als die nicht gerade autistisch veranlagte Lene zu Hause nicht mehr ans Telefon ging, sondern alle Anrufe über den Anrufbeantworter filterte. Kaum sprach eine von uns aufs Band, griff Lene nach dem Hörer und sagte: »O Gott sei Dank, du bist es und nicht der alte Holzklotz.« So ganz allmählich hatte Lenes Verleger nämlich begonnen, ihre gesamte Freizeit zu okkupieren. Erst rief er immer öfter abends an, dann auch am Wochenende. Schließlich bestand er darauf, dass sie sonntags in den Verlag kam. Arbeit gab es dort immer mehr als genug. Von sämtlichen sieben Mitarbeitern war aber zu diesen absurden, von höherer Stelle verordneten Arbeitszeiten stets nur Lene im Verlag anzutreffen – und der alte Holzklotz.

Lene war in einem Dilemma. Am liebsten hätte sie ihrem Verleger, der nie handgreiflich wurde, sondern sich nur ganz offensichtlich gerne viele Stunden in ihrer Nähe aufhielt, so richtig heimgeleuchtet, aber das traute sie sich nicht. Aus Angst, ihre Traumstelle zu verlieren, machte Lene sechzehn Monate lang gute Miene zum bösen Spiel. Dann gab sie auf und kündigte. Sie hatte in diesen sechzehn Monaten Schlaf- und Essstörungen entwickelt und traf sich nur noch selten mit Cora und mir. Wenn wir uns sahen, wirkte sie geistesabwesend und fahrig, stocherte in ihren Nudeln herum und nippte nervös am Weinglas.

Lange Zeit schoben wir Lenes schlechten Zustand auf die Überlastung durch den Job. Dass diese Überlastung nicht von der schieren Workload herrührte, sondern einzig und allein von der Bedrängnis durch Lenes Verleger, das ahnten wir damals nicht. Und noch viel weniger, dass diese unglückselige Konstellation zu

Beginn ihrer Laufbahn Lenes gesamten Werdegang bestimmen würde. Trotz ihrer hohen Qualifikation und ihrer Arbeitserfahrung fand sie nämlich nach ihrer Kündigung so schnell keine neue Stelle mehr und war sechs Jahre lang arbeitslos.

Klare Grenzen ziehen

Es ist nicht einfach, die natürliche Distanz, die zwischen Kollegen oder auch zu Vorgesetzten am Anfang besteht, in ein *vertrauensvolles* Arbeitsverhältnis zu überführen, ohne dass es *vertraulich* wird, was zwei grundsätzlich verschiedene Dinge sind. Natürlich liegt es in der Verantwortung eines jeden Vorgesetzten, egal ob männlich oder weiblich, die Situation der »Weisungsbefugnis« und das hierarchische Gefälle nicht auszunutzen. Der Großteil aller Vorgesetzten hält sich auch an diese Regel, aber einige tun es eben nicht und agieren wie Lenes Verleger.

»Weißt du«, sagte Lene Jahre später zu mir, als ich sie fragte, warum sie sich damals nicht Cora oder mir anvertraut hatte, »ich wäre mir blöd vorgekommen. Es ist ja nie wirklich etwas vorgefallen. Und dass der alte Holzklotz Zeit mit mir verbringen wollte und mir immer viele Komplimente über mein Aussehen machte, das konnte ich ihm doch nicht vorwerfen.« Doch, das kann man. Denn »Zeit miteinander verbringen« und »Komplimente« für etwas anderes als die bewältigten Aufgaben gehören nicht in einen Arbeitskontext. Eine gewisse Mitschuld an der ganzen Misere hatte Lene freilich, denn sie hätte frühzeitig das Gespräch mit dem alten Holzklotz suchen und ganz klare Grenzen ziehen müssen, was ihre Arbeitszeiten und Anwesenheiten im Verlag angeht. Auch die häufigen Einladungen in die teuren Restaurants, Komplimente, Geschenke und alles, was zu Lenes Unbehagen beitrug, hätte sie rechtzeitig ablehnen und zurückweisen müssen.

In den ersten drei bis sechs Monaten hat man meist Angst, die mühselig ergatterte Stelle wieder zu verlieren, und erträgt lieber so manches. Nach der Probezeit hat sich vieles schon so eingeschliffen, dass es einem absurd erscheint, es nach Monaten zur Sprache zu bringen. Zum Beispiel, dass man nicht unaufgefordert jeden Tag ein Schokoladencroissant auf dem Tisch liegen haben möchte, wenn man zur Arbeit kommt.

Beispiel

So erging es Cora auf ihrer ersten Stelle in der PR-Abteilung einer großen Versicherung. Ihr Kollege Joachim platzierte jeden Morgen eine Tüte vom Bäcker neben ihrer Computertastatur. Anfangs fand Cora das eine harmlose nette Geste, bis sie von Joachim eines Tages aufgefordert wurde: »Du kannst mich dafür ja mal auf einen Kaffee einladen!« Danach bat sie Joachim, das mit dem Schokoladencroissant bleiben zu lassen. Allerdings zauberte sie dafür die fadenscheinige Begründung hervor, dass sie immer schon mit ihrem Mann früh am Morgen ausgiebig frühstücke und dann um neun Uhr nicht schon wieder Appetit auf ein Croissant habe. Cora traute sich nicht, Joachim die Wahrheit zu sagen, nämlich dass sie sich durch die Geste mit der Bäckertüte in eine Situation gedrängt fühlte, in der sie nicht sein wollte.

Freilich kann man sich fragen, warum unendlich viele Frauen ständig in solchen Situationen sind und warum das Männern so gut wie nie passiert. Vielleicht sind Männer geschickter darin, solche Situationen abzubiegen, bevor sie überhaupt wirklich eintreten. Sie schaffen es in der Regel, klare Grenzen zwischen »privat« und »beruflich« zu ziehen, und übertreten sie oft erst dann, wenn wir ihnen dazu Gelegenheit geben oder ihrem Treiben – sei es aus Scham oder weil wir solche Zurückweisungen uncool finden – keinen Einhalt gebieten. Leider bleiben Frauen oft ihre gesamte Laufbahn hindurch Amateure in dieser Durchmengung von Privat- und Berufsleben und wollen partout nicht einsehen, dass mindestens die Hälfte ihrer Probleme genau daraus resultiert.

»Heute ist kein Bring-deine-Probleme-zur-Arbeit-Tag!«

Frauen haben oft den Eindruck, sie seien keine authentischen Persönlichkeiten oder verstellten sich sogar, wenn sie ihr Privatleben dort lassen, wo es hingehört, nämlich zu Hause. »Nein, heute ist kein Bring-deine-Probleme-zur-Arbeit-Tag. Und auch an keinem anderen Tag!«, herrscht der Chefarzt die junge Assistenzärztin in der amerikanischen Serie *Scrubs – Die Anfänger* ungehalten an, als sie ihm mitten in ihrer Schicht mit Wohnungssuche und Beziehungsproblemen kommt – und er hat damit vollkommen Recht. Ins Büro gehören weder unsere privaten Probleme noch stundenlange Nacherzählungen schöner Urlaubserlebnisse oder romantischer Hochzeiten, denen man am Wochenende beigewohnt hat. Männer haben hier in jahrhundertelangen Trial-and-Error-Verfahren ganz andere Rituale von Gespräch, Intimität und Austausch entwickelt, die sie zwar miteinander verbinden, wobei aber der Einzelne nichts von sich preisgibt. Frauen empfinden Männer deshalb oft als verschlossen, stoffelig oder uninspiriert. Und wenn gar eine andere Frau sich so verhält, dann verstehen sie die Welt nicht mehr.

Aus einem mir unverständlichen Grund hat uns das postfeministische Zeitalter unter anderem das Phänomen beschert, dass

Frauen andere Frauen weniger als Vorgesetzte akzeptieren, als dies noch vor zehn oder zwanzig Jahren der Fall war, und sich stattdessen lieber selbst in den entsprechenden Positionen sähen. Woran zunächst einmal nichts verkehrt wäre, wenn der Status quo respektiert und der Weg nach oben entsprechend beschritten werden würde. Bedauerlicherweise scheint sich aber parallel dazu das Verhältnis von subalternen Frauen zu den Männern in den Chefsesseln nicht verändert zu haben: Diese werden noch immer als »echte« Vorgesetzte wahrgenommen (oder zumindest hingenommen).

Verlust der Bodenhaftung

Im Zusammenhang mit diesem Phänomen habe ich ein zweites Phänomen entdeckt: Manchmal verwandeln sich Frauen, die Chefinnen haben, von heute auf morgen von einer grauen Maus in ein verkanntes Genie. Das ist für alle Beteiligten schwer zu ertragen.

Beispiel
Vor einigen Jahren hatte meine Freundin Karen, die damals Cheflektorin eines exponierten Programmbereichs in einem großen Konzernverlag war, aus der Schar ihrer Praktikantinnen eine Assistentin rekrutiert. Janne hatte mit fünfundzwanzig, noch während des Studiums, ein Kind bekommen und war daher mit allem ein paar Jahre später dran als andere. So machte sie also dieses Praktikum bei der damals sechsunddreißigjährigen Karen erst mit einunddreißig Jahren. Ganz offensichtlich hatte aber die Doppelbelastung von Studium und Kind das Beste in Janne hervorgebracht, denn bereits nach wenigen Tagen stellte sich heraus, dass sie dem anspruchsvollen Multitasking im Lektorat besser ge-

wachsen war als alle anderen Praktikantinnen vor ihr. Janne war gut organisiert, verlor nie die Nerven und nur selten den Überblick, arbeitete zügig und sorgfältig und war zudem noch klug, wach und witzig.

Karen gab Janne nach drei Monaten Praktikum ein einjähriges Volontariat und machte dabei große Zugeständnisse, da Janne wegen des Kindes ungewöhnliche Arbeitszeiten und einen Arbeitstag pro Woche zu Hause wünschte. Auf die vertraglich festgeschriebenen achtunddreißig Stunden kam sie damit nicht. Was soll's, kann sie haben, dachte sich Karen, bevor ich mir lange eine neue Mitarbeiterin suche. Noch vor Ablauf des Volontariats bot Karen – in Absprache mit ihrem Vorgesetzten Horst – der jungen Frau eine feste Stelle als Lektoratsassistentin an und vermerkte in Jannes Arbeitsvertrag bei »Tätigkeiten« unter anderem »Redaktionelle Zuarbeiten für das Cheflektorat«. Es vergingen anderthalb Jahre, in denen sich Janne – wie zu erwarten gewesen war – als fleißig erwies und die besagten »Zuarbeiten« zuverlässig erledigte.

Karen sah jedoch mit einer gewissen Enttäuschung, dass Janne keine Ambitionen entwickelte, die über die reine Erledigung von Dingen hinausgingen, und sich mit weniger zufriedengab, als ihr nach Intelligenz und Eignung eigentlich zugestanden hätte. In ihren regelmäßigen Personalgesprächen zeigte sich Janne trotzdem immer zufrieden und glücklich, und das war Karen auch, kam es ihr doch schlussendlich zupass, dass sie eine so gute und zugleich bescheidene Assistentin hatte.

Da Karen selbst eine ehrgeizige Frau ist, versuchte sie Janne hin und wieder den Wurstzipfel vor die Nase zu halten. »Mach doch auf der nächsten Vertreterkonferenz mal ein, zwei Präsentationen«, schlug sie ihr beispielsweise vor. »Ich glaube, so weit bin ich noch nicht«, war Jannes Antwort.

»Das kann ich nicht«, bekam Karen ein anderes Mal von ihr zu hören, als es darum ging, ob Janne nicht ein Autorengespräch auch einmal alleine führen wollte, nachdem sie unzählige Male bei Karen und anderen

Lektorinnen stumm dabeigesessen hatte. Allmählich fragte sich Karen, wann ihre Assistentin wohl anfing, sich etwas zuzutrauen, schließlich war sie mittlerweile nahezu drei Jahre im Verlag. Aber Janne blieb eine emsige Zuarbeiterin, die alles, was mit größerer Verantwortung, ja sogar alles, was mit komplexeren Zusammenhängen zu tun hatte, sorgsam mied. Bis sie eines Tages aus heiterem Himmel um ein Gespräch bat – mit Horst, dem Programmchef.

»Ich bräuchte ja nur mit den Fingern schnipsen und hätte sofort woanders einen neuen Job. Und deshalb will ich einen neuen Arbeitsvertrag und mehr Geld«, begann sie. »Ich will Angebote auf der Ich-Ebene.« – »Und was soll das sein?«, fragte Horst zunächst noch leicht amüsiert nach. »Es ist doch so: Ich mache schon lange die Arbeit einer Lektorin, aber keiner hier nimmt mich ernst. Karen wälzt alles, was sie selbst nicht machen möchte, auf mich ab, als wäre ich ihre persönliche Leibsklavin. Dauernd muss ich diesen redaktionellen Kleinkram erledigen, *und* dann will sie mir noch ganze Projekte reindrücken.« – »Redaktionelle Zuarbeiten gehören laut Vertrag zu Ihren Tätigkeiten. Und seien Sie doch froh, dass Karen Ihnen offensichtlich mehr zutraut. Warum besprechen Sie das Ganze eigentlich mit mir und nicht mit ihr?«

Horst forderte Janne unmissverständlich auf, Karen um ein Vieraugengespräch zu bitten. Janne zog es jedoch vor, sich in ihrem Büro einzuschließen und bis zum Abend zu schmollen. Dann ging sie nach Hause. Horst hingegen setzte sich am Abend mit Karen zusammen und berichtete ihr von dem Gespräch. »Hör zu«, war sein Fazit, »mit dieser Janne machen wir gar nicht lange rum. Von der kam in drei Jahren nicht *ein* selbstständiger Gedanke, nicht *eine* Idee. Keine Ahnung, was du immer in der siehst. Wenn *du* die nicht rausschmeißt, dann tu ich es.«

Karen ärgerte sich zwar maßlos darüber, dass Janne nicht das Gespräch mit ihr gesucht hatte, sondern direkt mit ihrem offensichtlich übermächtigen Unmut zu ihrem Vorgesetzten gerannt war, aber sie wollte

Janne nicht als Mitarbeiterin verlieren. Sie beschloss, der »neuen« Janne entsprechend zu begegnen, war dieses Erwachen doch das, worauf sie immer gewartet hatte, wenn auch nicht in dieser Vehemenz. Sie setzte sich also in derselben Nacht noch hin und machte – entgegen Horsts Anweisung – einen sorgfältig durchdachten Karriereplan für ihre Mitarbeiterin. Darin listete Karen konkret auf, welche Projekte sie in den nächsten Jahren selbstständig betreuen könnte und welche zusätzlichen Qualifikationen sie sich sowohl im Verlag als auch in Seminaren erwerben sollte, um nach und nach als vollwertige Lektorin arbeiten zu können. Im Nachhinein betrachtet hätte sie die Nacht besser mit Schlafen verbracht. Am nächsten Tag schmiss ihr Janne nach einem filmreifen halbstündigen Ausbruch, in dem sie die Cheflektorin als »Sklavenhalterin«, »Herrenreiterin« (eine interessante Wortschöpfung, wie Karen fand), »Schinderin« und »Monstrum« bezeichnete, die Kündigung vor die Füße.

»Ich war für dich doch immer nur die Dumme, dein Fußabtreter. Dabei bin ich genauso qualifiziert wie du und kann das, was du hier machst, genauso gut, wenn nicht besser. Und eines hast du nämlich noch gar nicht begriffen: Ohne mich läuft in diesem Laden hier *gar nichts*!«, warf eine auch äußerlich gänzlich aufgelöste Janne der verdutzten Karen an den Kopf, vermutlich in der Hoffnung, diese möge sich vor ihr auf den Boden werfen und um Verzeihung bitten. Karen blieb jedoch ziemlich cool. »Kündigung ist akzeptiert«, sagte sie und setzte sich hinter ihren Schreibtisch. »Ich nehme an, du findest selbst hinaus.« Der »Laden« lief fortan auch ohne Janne bestens.

Jannes ständige Angst, »noch nicht so weit« zu sein, hatte sich auf magische Weise in grenzenlose Selbstüberschätzung und ein gewaltig geblähtes Ego verwandelt. Wie konnte das passieren? Der Schweizer Psychoanalytiker Jürg Willi hat dieses Phänomen einmal beschrieben – allerdings nicht für Chefinnen und ihre Mitarbeiterinnen, sondern für (Ehe-)Paare. Er nannte es »Kollusion«, das heißt Zusammenspiel. Dabei übernimmt einer die Rolle des passiven Partners (oder der Partnerin), der sich leiten lässt, bescheiden bleibt, nichts fordert. Jegliche Anteile seiner Persönlichkeit, die etwas mit Aktivität oder gar Aggression zu tun haben, delegiert er an den anderen Partner (oder an die Partnerin). Zunächst fühlen sich beide ganz wohl in ihren Rollen, die beide seit ihrer frühen Kindheit spielen. Irgendwann aber kippt das Spiel: Dann taucht die verdrängte Aggression beim passiven Partner wieder auf und drängt mit Macht ans Tageslicht, während der aktive Partner keine Lust mehr hat, ständig die Verantwortung für beide zu tragen. Das Paar trennt sich – oder jeder Partner lernt, die abgespaltenen Anteile zu reintegrieren. Können wir daraus etwas lernen? (Wir sind ja im Job und nicht bei der Eheberatung.) Ich denke, ja: Lassen Sie Ihre aktiven und aggressiven Anteile rechtzeitig ans Licht! Es kann Ihnen nur nutzen. Männer machen es übrigens genauso. Denn natürlich treibt auch Männer die Frage um, warum – vor allem bei scheinbar gleicher Qualifikation – der andere auf dem Chefsessel sitzt und nicht sie selbst. Aber die Frage treibt sie nicht bloß um, sondern auch an. Bei Männern weckt ein hierarchisches Gefälle, das sie nicht länger als unbedingt notwendig akzeptieren wollen, sofort den eigenen Ehrgeiz, und sie fragen sich nicht lange, *warum* sie diese Position nicht selbst innehaben, sondern vielmehr, was sie tun könnten, um möglichst schnell genau dorthin zu kommen. Sie würden auch niemals lamentieren, dass sie »keiner ernst nimmt«, sondern alles daransetzen, dass dies schleunigst geschieht. Dafür würden sie eigene Projekte an Land ziehen, öffentliche Auftritte und Präsentationen nicht scheuen. Freilich würde der eine oder andere damit auch auf die Schnauze fallen, aber das Problem, nicht wahrgenommen zu werden, hätte er danach sicher nicht mehr. Selbst in Branchen, in denen zunächst weniger Männer als Frauen für die Spitzenpositionen antreten, sind es die Männer, die es bis ganz nach oben schaffen. Hier haben uns die Männer wirklich etwas voraus, denn mit ihrem natürlichen Konkurrenzverhalten und Machtstreben machen sie die Karrieren, die wir durch unser uncooles Agieren verpassen.

Angst vor Verantwortung

Janne beispielsweise hätte sich das Ziel setzen können, mit sechsunddreißig auf Karens Posten sein zu wollen, und dann darauf hinarbeiten können. Stattdessen unterwarf sie sich Karen mit offensichtlicher Ambitionslosigkeit jahrelang, verlor zugleich zunehmend jede Bodenhaftung, indem sie sich maßlos selbst überschätzte, und verspielte dann jegliches Wohlwollen und Entgegenkommen ihrer Vorgesetzten in einigen unbeherrschten Momenten.

Küken wie Janne ducken sich jahrelang, und dann verlangen sie hysterisch krähend Verantwortung und Selbstständigkeit und wollen, dass man sie ernst nimmt. Wer soll so ein Mädchen denn ernst nehmen? »Verantwortung verdient man sich, die fordert man nicht einfach eines Tages ein«, zog ich einen Schlussstrich unter das ganze Theater, als ich mit Karen telefonierte. Es ist ja nicht bloß komplett uncool, sondern karrieretechnisch auch extrem doof, sich über Jahre hinweg in Deckung zu begeben und zu hoffen, dass man auf diese Weise – wenn man keine Verantwortung übernimmt und nicht selbstständig arbeitet – keine Fehler macht. Und weil man nie etwas wirklich Großes vermasselt hat, ist man auch nie unangenehm aufgefallen und kann also eines sonnigen Tages entdecken, aus dem Schattendasein geholt und auf einen irren Posten befördert werden. Einmal ganz davon abgesehen, dass das so nicht läuft: Wie bitte will man dann auf dieser Wahnsinnsstelle mit der Verantwortung klarkommen, wenn man vorher noch nicht einmal für das Raustragen des Altpapiers die Verantwortung übernehmen wollte?

Angst vor Verantwortung, fehlende persönliche Ziele, das Unvermögen, Grenzen zu ziehen, der übermächtige Wunsch nach Identifikation mit der Arbeit, Uncoolness und mangelndes Selbstvertrauen bei zuweilen gleichzeitig auftretender spontaner Selbstüberschätzung – all dies sind die Ursachen, die dem Syndrom »Erfolglosigkeit von Frauen« zugrunde liegen. Diese Selbstdiagnose ist zwar erschreckend, vielleicht sogar lähmend, aber sie kann auch der Beginn einer kurierenden Behandlung sein.

Spielregeln im Job

Karen, die in vielem handelt und denkt wie ein Mann, war selbstverständlich scharf auf Horsts Position und hatte sich fest vorgenommen, spätestens mit vierzig auf dieser – oder einer vergleichbaren in einem anderen Unternehmen – angekommen zu sein. Sie hat ihr Ziel mit nur drei Jahren Verspätung erreicht. Allerdings durch harte Arbeit und extreme Selbstbeherrschung, denn sie musste ja in der Welt der Horste Tag um Tag ihren Mann stehen. Und sie hat den Männern vieles abgeschaut, was sie gut gebrauchen konnte.

Buddy der Kerle

So gut es eben geht, ohne dass man sich selbst verleugnet, erbricht oder anbiedert, muss man der *buddy* dieser Kerle sein und den Schulterschluss mit ihnen praktizieren. Das bedeutet nicht, dass man sich wie ein Mann aufführen oder wie einer reden muss, wie es uns noch die amerikanischen Karriereratgeber der späten 70er und frühen 80er Jahre rieten. Man sollte sich wappnen, harte Bandagen und einen guten Humor zulegen und den Männern auf Augenhöhe begegnen, auch wenn man dazu Selbstbeherrschung und Selbstbewusstsein in riesigen Dosen, ein Höchstmaß an Qualifikation und fachlicher Kompetenz, mindestens zehn Zentimeter hohe Absätze und ein scharfes Mundwerk braucht.

Gleichzeitig muss man hinterrücks eifrig am Stuhl der größeren Jungs sägen. Wie sonst sollte man später dort seinen eigenen Chefsessel platzieren können? Und – Hand aufs Herz – das ganze *buddy*-Spiel macht doch auch viel mehr Spaß, wenn man den abgesägten Stuhl als Ziel vor Augen hat. Vor allem sollte man sich nicht schlecht dabei fühlen, denn nichts anderes als Vorne-herum-Bündnisse-Schließen und Hinten-herum-alles-Hintertreiben-und-Unterlaufen tun die Herren untereinander – nur meist viel geschickter als wir. Dieses Talent haben Männer entweder in den Genen, oder sie gucken es sich extrem schnell bei anderen Männern ab, schon während sie aus den Praktikantenschuhen herauswachsen.

Eigene Ziele verwirklichen

Uns Frauen hingegen fehlen die weiblichen Vorbilder, und vom Verhalten der Männer eignen wir uns kaum etwas an, empfinden deren zielgerichtetes Agieren – falls wir es überhaupt durchschauen – als abstoßend und benehmen uns noch mit vierzig wie bei der ersten Hospitanz. Wir hören ein Arbeitsleben lang nicht auf, uns über bestimmte Dinge zu wundern. Deshalb kann man uns auch immer wieder so leicht überrumpeln. Dabei könnte alles viel einfacher sein, wenn wir einiges Wenige von den Männern übernähmen. Zum Beispiel könnten wir damit beginnen, »Identifikation« mit dem Job hintenanzustellen und stattdessen »Zielsetzungen« (auch persönlicher Art) in den Vordergrund zu rücken. Eine im Grunde genommen einfache Sache, aber vielen Frauen ist rätselhaft, was damit gemeint sein könnte.

Beispiel

»Aber ich habe doch Ziele«, sagte vor geraumer Zeit meine Freundin Cora gereizt, nachdem ich ihr die These von den fehlenden Zielen präsentiert und gleich auf sie angewandt hatte. Cora arbeitete damals noch immer mit Jörn in der Zwei-Mann-Zweigstelle einer PR-Agentur und hatte sich bei mir ausgeheult, dass sie nach wie vor malocht bis zum Umfallen, nicht ausreichend Anerkennung für ihre Arbeit bekommt und das Gefühl hat, von Stenzke, ihrem in einer anderen Stadt ansässigen Agenturchef, nicht wahrgenommen zu werden.

»Wenn der eine Strategie diskutieren oder das Budget besprechen will, dann ruft er immer Jörn an. Und es hängt dann von Jörn ab, ob der gnädig gestimmt ist, das Telefon auf Lautsprecher stellt und mich an der Informationsvergabe teilhaben lässt. Stenzke ist dann immer so nach dem Motto: ›Ach so ja, Frau Grashoff, guten Morgen.‹ So, als ob er eben erst realisieren würde, dass es mich auch noch gibt. Aber was weiß ich denn, wie oft Jörn mich nicht dazuwinkt und den Lautsprecher am Telefon einschaltet. Das scheint so ein Männerding zwischen den beiden zu sein. Ich bekomme stattdessen Anrufe von Stenzkes Sekretärin, kurz bevor eine wichtige Präsentation bei uns stattfindet: ›Frau Grashoff, sorgen

Sie bitte dafür, dass außer Keksen auch frisches Obst auf dem Tisch steht.‹ Für die bin ich ihresgleichen, für Stenzke bin ich unsichtbar.«

Was das alles mit fehlenden Zielen zu tun haben könnte, verstand Cora indes gar nicht, denn sie konnte ihre Ziele doch ganz genau benennen: den und den anrufen, Deadlines einhalten, Präsentationen vorbereiten, Konzepte entwerfen, Kampagnen kreieren, das eine bis heute Abend, das andere bis morgen früh, dies bis nächste Woche, das bis zum Fünfzehnten des nächsten Monats und so weiter.

»Siehst du«, trumpfte ich auf, »genau das meine ich: Wir Frauen verzetteln uns in kleinteiligem Zeugs und verwechseln das mit Zielen, statt dass wir mal was Großes in Angriff nehmen. Was willst du für die Agentur erreichen? Wo steht ihr in zehn Jahren, welche Kunden habt ihr dann? Habt ihr in fünf Jahren mehr Kunden, mehr Umsatz, weitere Niederlassungen? Entwirf doch für Stenzke mal ein Papier mit solchen Unternehmensvisionen und mit in zeitlichen Rahmen abgesteckten einzelnen Zielen. Jörn ist für so was doch viel zu träge, also solltest du leichtes Spiel haben, Stenzke damit zu überraschen. Danach bist du garantiert nicht mehr unsichtbar.« – »Ach nö«, Cora winkte ab. »Das ist doch albern und wirkt furchtbar streberhaft.«

»Und was willst du für dich selbst erreichen?«, machte ich im Furor meiner Ideen weiter. »Könntest du eine der neuen Niederlassungen leiten? Wann hast du Jörn endlich abgehängt, wann willst du Stenzkes Stellvertreterin sein, und wann soll der ganze Laden dir gehören? Und in welchen Stationen gedenkst du da hinzukommen? Die Jüngste bist du mit deinen siebenunddreißig ja auch nicht mehr.« – »Sag mal, spinnst du jetzt? Damit ich auch Herzrhythmusstörungen bekomme wie Stenzke, oder was? Dessen Job kann mir doch gestohlen bleiben, den will ich gar nicht. Dieser ganze Stress und diese Verantwortung, nein danke, da hat man sicher bloß noch schlaflose Nächte. Und die Agentur übernehmen, hahaha, bleib mal schön auf dem Teppich.«

Und da beschweren Frauen sich noch, dass sie unsichtbar sind, nie auf einen grünen Zweig kommen und man ihnen die Anerkennung schuldig bleibt. Irgendwie schizophren ist das ja schon.

Denn auch das ist leider ganz typisch für Frauen: Sie wollen sich mit ihrer Arbeit identifizieren können, statt einfach nur eine steile Karriere hinzulegen und dabei über Leichen zu gehen wie ihre männlichen Kollegen. Nein, sie mimen sogar bereitwillig die Leiche für den Siegeszug ihrer Mitstreiter, wenn sie nur eine gute Arbeitsatmosphäre haben dürfen. Während laut der Accenture-Studie von 2002 und anderen Untersuchungen Männer rund 80 Prozent ihrer Zeit darauf verwenden, ihr berufliches Ziel zu erreichen, also im weitesten Sinne »Karriere zu machen«, haben die meisten Frauen keinen solchen Plan, wenn sie in den Beruf einsteigen. Frauen wollen einen interessanten Job, nette Kollegen und ein gutes Betriebsklima.

Noch zu Beginn der 1990er Jahre wollten uns Karriereratgeber wie *Frauen führen anders* von Sally Helgesen einreden, dass es völlig in Ordnung ist, wenn Frauen keine Ziele haben, denn sie seien ja auch nicht im gleichen Maße auf Hierarchien und Strategien fixiert wie Männer, sondern hätten eher ein Netz vor Augen, wenn sie an ihr berufliches Umfeld und ihre professionellen Beziehungen denken – freilich immer mit der Chefin als Spinne in der Mitte. Das Netz hätte nämlich im evolutionär fortgeschrittenen Modell die hierarchische, primitive Pyramide der Männer ersetzt.

So lesen wir bei Sally Helgesen: »Die Strategie des Netzes ist weniger direkt, weniger auf bestimmte Ziele ausgerichtet und daher nicht so ausschließlich willensgesteuert wie die hierarchische Strategie.« Ich halte das für esoterischen Mumpitz und zudem für gefährlich. Wenn unsere »Strategie« nicht willensgesteuert sein soll, was denn dann? Womöglich intuitionsgesteuert? Prima, damit bedienen wir ein zentrales Vorurteil über Frauen. Wenn wir allerdings ein solch halbgares Zeugs reden wie das oben zitierte (und womöglich noch glauben), dann hat dieses Vorurteil in der Tat seine Berechtigung. Uns auf so einen Unsinn einzulassen wird uns kein Stück weiterbringen, und ich hoffe doch sehr, dass wir dieses und ähnliche Konzepte im alten Jahrhundert hinter uns gelassen haben, ohne groß davon beeinflusst worden zu sein.

Falls Sie dennoch glauben, Frauen könnten ohne Zielsetzungen und fernab von Hierarchien erfolgreich in einem Unternehmen arbeiten, dann hilft folgender Selbstversuch: Malen Sie doch bitte einmal Ihr Netzwerk auf eine Stoffserviette auf. Sie sind als Führungskraft der Mittelpunkt des Ganzen, und viele Linien laufen auf Sie zu, und alle Punkte sind miteinander verbunden. So, und nun nehmen Sie diesen Punkt zwischen zwei Finger und ziehen Ihr Netz nach oben. Wenn Sie vorher ordentlich Wäschestärke verwendet haben, werden Sie genau das bekommen, das Sie glaubten, überwunden zu haben: die gute alte hierarchische Pyramide, die so schlecht nämlich gar nicht ist, sondern eigentlich bloß ein Netz in einer dreidimensionalen Darstellungsform. Also, wie war das nun noch mal gleich mit den Zielen, die wir Frauen nicht zu haben brauchen?

Frauen haben Höhenangst

Die Autorinnen von *The Managerial Woman* bedauerten jedenfalls 1977, dass Frauen durch ihr verschwommenes Bild von »Karriere« eher behindert als beflügelt sind. Offensichtlich sind wir in Deutschland, Österreich und der Schweiz (siehe die Accenture-Studie) jetzt an einem Punkt, an dem Frauen in Amerika vor etwa dreißig Jahren auch schon angelangt waren. Den paar wenigen weiblichen Führungskräften, die es gab, war ihre Karriere eher zugestoßen, als dass sie darauf hingearbeitet hätten. Sie sahen ihre Arbeit als ein Mittel zum »persönlichen Wachstum, als Selbstverwirklichung, als Befriedigung, als einen Beitrag für andere, als die Tätigkeit, die man sich wünscht«. Das klingt, als ob diese Frauen lieber für die Caritas oder die Heilsarmee arbeiten würden als für General Electric, IBM, Morgan Stanley, Siemens, DaimlerChrysler, Holtzbrinck, Random House, Scholz & Friends oder die Deutsche Bank.

»Ich bin nicht der Typ, der arbeitet, um Hierarchiestufen zu erklimmen«, zitiert Tanja Busse in ihrem *Die-Zeit*-Artikel »Frauen haben Höhenangst« eine junge Frau, die – wie ihr gesamter Frauen-Netzwerk-Zirkel von zehn Managerinnen – ihre hoffnungsvolle Karriere nach wenigen Berufsjahren abbrach. Auf einem Foto, das diesen Artikel illustriert, strahlt einem die Frau mit einem kleinen Kind auf dem Arm entgegen. Es ist, als entschuldige sie sich damit für ihre anfänglich steile Karriere, die sie bereits mit achtundzwanzig Jahren in eine leitende Position katapultiert hatte. War ja nicht so gemeint, scheint ihr Foto zu sagen, jetzt weiß ich wieder, wo ich hingehöre. »Viele der jungen Managerinnen geben an, sie hätten inhaltlich arbeiten wollen und seien nebenbei aufgestiegen, ohne dass sie es hätten verhindern können. Fast sieht es so aus, als planten diese Frauen ihre Karriere nicht, als widerfahre sie ihnen«, resümiert Busse dieses Phänomen.

Genau zu dem Zeitpunkt, wenn Männer plötzlich Ehrgeiz entwickeln und ihr persönliches Karriereziel ins Visier nehmen, geben wir auf, verrennen uns in Sackgassen, betreten Nebengleise oder gehen auf dem Weg nach oben einfach verloren und werden nicht mehr gesehen. Und das alles wegen dem bisschen »Klima« und wegen »Inhalten«. Da wundert es kaum, dass die Antworten auf die Frage »Was wurde denn eigentlich aus der Anna/Christa/Monika?«, die man gerne hin und wieder im Bekanntenkreis stellt, meist ziemlich enttäuschend ausfallen und einem bloß selten ein anerkennendes »Wow! Wirklich?« zu entlocken vermögen. Der Normalfall ist leider, dass Frauen bereits nach ein paar wenigen Jahren der Berufstätigkeit das Handtuch werfen und sich dahin zurückziehen, wo weder Versagen noch Konflikte ernsthaft drohen: in die Teilzeit (in Deutschland würden 45 Prozent aller Frauen im mittleren Management am liebsten in Teilzeit arbeiten), die Freiberuflichkeit oder die Familie. Dort braucht man sich nicht ständig mit Kollegen und Vorgesetzten herumzuärgern und täglich ums berufliche Überleben zu kämpfen. Alles in allem ist es in der Familie ja auch viel netter als in einem Unternehmen.

Cinderella will nicht kämpfen

Die Journalistin Colette Dowling bezeichnet diese Art des Rückzugs als »Regression«. Eigentlich erwachsene Frauen verwandeln sich in Cinderella und fliehen – nicht zurück zu Mama nach Hause, aber in die schützenden Arme irgendeines Mannes (in Ermangelung eines Prinzen): »Vor mehr als einem Vierteljahrhundert stellte Simone de Beauvoir scharfsinnig fest, dass Frauen die untergeordnete Rolle akzeptieren, um den Anstrengungen aus dem Weg zu gehen, die mit der Gestaltung eines authentischen Lebens verbunden sind«, zitiert Dowling, und erkennt sich selbst wieder.« »Diese Flucht vor dem Stress war mein heimliches Ziel geworden. Ich war zurückgeglitten – ich hatte mich zurückgelehnt wie in einer großen Badewanne mit warmem Wasser – weil es leichter war. Denn es ist einfacher, Blumenbeete zu pflegen, den Einkauf zu organisieren und eine gute – versorgte – ›Partnerin‹ zu sein. Das erzeugt weniger Angst, als draußen in der Welt der Erwachsenen zu stehen und für sich selbst zu kämpfen.«

Tussi statt Profi?

Ich wollte kämpfen. Ich wollte mitspielen in der Welt der Erwachsenen. Wie so vielen Frauen gelang es mir aber nicht, weil ich die Spielregeln nicht verstand. Die Regeln der Männer.

Beispiel

Ich für meinen Teil hatte damals – perspektivlos in meiner Zeitschriftenredaktion in Watte gepackt – den Eindruck, dass ich lange genug die denkbar geringen Erwartungen, die man an einen Zierfisch haben konnte, erfüllt hatte. Als ich verstand, dass ich aus genau diesem Grund nicht weiterkam, suchte ich mir eine neue Stelle. Ich durchforstete die Branchenblätter nach Stellenausschreibungen, schrieb Bewerbungen, telefonierte herum. Dann wurde ich von einem Buchverlag zu einem Einstellungsgespräch eingeladen. Bis zum letzten Arbeitstag hoffte ich halbherzig darauf, dass man mir in meiner Zeitschriftenredaktion ein grandioses Gegenangebot machen würde, aber nichts dergleichen geschah: Man offerierte mir eine Gehaltserhöhung, aber keine Beförderung, und die stellvertretende Chefredakteurin bat mich mit einer gewissen Aufrichtigkeit, es mir doch noch einmal zu überlegen und zu bleiben. Leute wie mich könnte man in dieser Redaktion schließlich immer gebrauchen. Ich ging.

Und ich kam an. Ein neuer Verlag in einer anderen Stadt, ein ganz anderer Bereich der Branche, mehr Verantwortung. Alles roch nach Aufbruch. Aber das verflog rasch. Gegen die Vorhersehbarkeit meines vorigen Jobs tauschte ich unübersichtliche Abläufe, verwackelte Hierarchien und Handlungsbedarf an jeder Ecke. Die wöchentlichen Redaktionssitzungen fanden jetzt nicht mehr montags, sondern dienstags statt, und die Strukturen waren nur auf den ersten Blick weniger patriarchalisch als zuvor. Wieder verbrachte ich viel zu viel Zeit am Schreibtisch und redete mir ein, das müsse so sein. Mein eilig geflohener Vorgänger hatte sein Ressort in solch marodem Zustand hinterlassen, dass ich in den ersten Monaten nahezu rund um die Uhr damit beschäftigt war, den Laden aufzuräumen, vernachlässigten Projekten wieder Leben einzuhauchen und Neues auf die Beine zu stellen. Zum Glück war ich nicht alleine, denn bereits an meinem ersten Arbeitstag hatte ich die stellvertretende Werbeleiterin, meine zeitgleich eingestellte Kollegin Tanja Knessel, kennen gelernt.

In diesem Job ging es fast vom ersten Tag an in einer Abwärtsspirale stetig nach unten. Die Vorschusslorbeeren hingen zu Anfang ungeheuer hoch, und je mehr man sich nach ihnen reckte, desto mehr brach der Boden unter den Füßen weg. »Ich schätze Sie außerordentlich, aber ...«, so pflegte unser Marketingleiter bereits nach kurzer Zeit seine Besprechungen mit uns einzuleiten, was den alleinigen Sinn hatte, uns klarzumachen, dass er irgendetwas, das wir veranlasst oder entschieden hatten, keinesfalls gutheißen konnte. »Wer viel arbeitet, macht viele Fehler«, war meine resignierte Devise, wenn ich nach solchen Besprechungen zurück in mein Büro schlich.

Viel schwerer als die Kritik an unserer täglichen Arbeit wog aber in unserer persönlichen Negativbilanz, dass Tanja und ich die Bubenspiele, mit denen man an der Spitze die Zeit totschlug und zu denen man uns anfänglich mehrfach ausdrücklich hinzubat, mangels Übung nicht mitzuspielen vermochten. Zudem fehlte uns jedes Verständnis dafür, wie sich die ausgedehnten schweren Mittagessen und das nachmittägliche Herumgesitze bei Portwein und Rauchwaren positiv auf die unerledigten Papierstapel auf unseren Schreibtischen auswirken könnten. Bald stellten die Herren einen weiteren Mann zum Mitspielen ein.

Als die Drei von der Denkstelle somit komplett waren, blieben die Einladungen zum Mitspielen an uns aus. Wir störten ja doch nur: Entweder wollten wir bei diesen Zusammenkünften ein Problem diskutieren oder eine Sache systematisch angehen, oder wir hatten schon nach dem ersten Glas Portwein genug und schlugen vor zu lüften, um den Zigarettenrauch entweichen zu lassen. Als Spielverderber wurden wir nicht nur aus diesen Runden ausgeschlossen, sondern auch aus wichtigen Entscheidungsprozessen. Zum Ausgleich behängten die Jungs uns mit albernen Faschingsorden, indem sie uns Titel gaben, die kaum auf unsere neuen Visitenkarten passten. Karrieretechnisch schoben sie uns aber in eine Sackgasse.

»Wir haben Sie aus der Provinzliga direkt in die Bundesliga geholt«, sagte einer der drei Herren zu mir. Ich hatte ihn um ein Gespräch gebeten, um herauszuhorchen, ob ich in diesem Verlag überhaupt noch eine Perspektive hatte. »Sie waren doch bestenfalls Kreisklasse. Zu diesem kometenhaften Aufstieg in jungen Jahren haben doch *wir* Ihnen verholfen.« Leider war der Komet bereits Ende dreißig und fühlte sich wie ein Rohrkrepierer.

Regelmäßiger Coolness-Check

Wie ich damals wachen viele Frauen Ende dreißig plötzlich auf und merken, dass sie im Job nicht dort sind, wo sie in diesem Alter sein sollten oder wollten und wo gleichaltrige Männer mit großer Selbstverständlichkeit angedockt sind. Wer aus der Mädchenfalle nicht rausfindet, der wird nämlich ganz einfach in ihr alt, transportiert seine unreifen Verhaltensweisen in das Lebensalter jenseits der fünfunddreißig und wird dann nicht mehr als herzerfrischend, unkonventionell und interessant wahrgenommen, sondern nur noch als uncool und nervtötend. Vor allem von den männlichen Kollegen, deren täglicher Antrieb nicht das Nett-sein-Wollen, sondern das Gewinnen-Wollen ist.

Aber müssen Frauen denn wirklich so sein, könnte man nun fragen. Ist es nicht entscheidend, dass man qualifiziert und kompetent ist und ordentlich arbeitet? Ist es wirklich so wichtig, dass man in seinem beruflichen Umfeld auch noch cool rüberkommt, wenn man doch gut ist? Leider ja. Coolness ist keine Äußerlichkeit, sondern eine der Fragen, an denen sich tatsächlich fast alles entscheidet, denn Profis – egal, ob Männer oder Frauen – schätzen coole Kollegen und Mitarbeiter und meiden die uncoolen. Coolness ist der Begriff, in dem sich praktischerweise alles zusammenfassen lässt, was nicht mädchenmäßig ist. Zuweilen denke ich, alles wäre für mich anders verlaufen, wenn ich mich damals einem regelmäßigen Coolness-Check unterworfen hätte. Wer in seinem Auftreten cool ist, dem traut man eine überlegte und besonnene Handlungsweise zu, auch wenn die Serie der täglichen Fehlentscheidungen und die Jahresbilanz eine ganz andere Sprache sprechen. Coolness sorgt für einen Vorsprung.

Und Frauen sind einfach nicht cool. Das ist so simpel wie erschütternd. Wenn ich die vielen hundert Frauen, die ich in beruflichen Kontexten oder Situationen erlebt habe, vor meinem geistigen Auge Revue passieren lasse, dann würden nach meinen heutigen Kriterien ganze zwei diesen Coolness-Check bestehen und alle anderen – einschließlich meiner selbst – nicht. Coolness ist Souveränität, Professionalität, Sachlichkeit und Überlegenheit in Kombination mit dem sparsamen Einsatz empathischer Mittel und einer gewissen Distanziertheit zu allem und jedem, auch zur eigenen Arbeit. Die Gesten bleiben spärlich, die Stimme ruhig. Wer cool ist, zappelt nicht, fuchtelt nicht, schreit nicht, weint nicht. Coole Kollegen zerbrechen sich nicht in der Freizeit den Kopf über Arbeitsdinge und ziehen klare Grenzen. Der Coole steckt ein und pariert, und im richtigen Moment lanciert er einen Gegenangriff, auch wenn er auf diesen Moment zwei Jahre warten muss. Es perlt auch einiges an ihm ab, ohne dass dies phlegmatisch wirkt. Nichts bringt ihn aus der Fassung. Der Coole ist wie ein klassischer Westernheld, aber gewaschen, gekämmt und besser angezogen. Kennen Sie irgendeine Frau, auf die diese Beschreibung wirklich zutrifft?

Viel zu viel Gefühl

Gewaschen und gekämmt sind wir alle, aber wir haben nichts von einem Westernhelden an uns, noch nicht einmal dann, wenn wir de facto *last woman standing* sind. Frauen werfen gerne die emotionale und die Sachebene durcheinander. Sie sind beleidigt, wenn sie für eine Arbeit nicht gelobt werden, weil sie denken, man verweigert ihnen damit Respekt und Anerkennung. Wenn ein Kollege oder Vorgesetzter ein bestimmtes Projekt kritisiert, fühlen sie sich sofort als Mensch infrage gestellt. Selbst Frauen, die es besser wissen müssten, werfen die beiden Ebenen munter durcheinander. So beschreibt die Autorin Sally Helgesen in *Frauen führen anders* die Unsicherheit auf ihrer ersten Stelle, nachdem sie den ersten Gegenwind erfahren hat: »Zwar konnte ich meine

Arbeit noch mechanisch verrichten, doch kam ich nicht mehr auf kreative Lösungen oder neue Ideen. Die Furcht, angegriffen oder kritisiert zu werden, bewirkte eine Art geistige Lähmung.«

Ach Gottchen, möchte man Helgesen, die immerhin ein ganzes Buch über weiblichen Führungsstil geschrieben hat, zurufen, kein Wunder, dass uns kein Mensch etwas zutraut, am wenigsten wir uns selbst, wenn wir schon durch ein bisschen Kritik an der Sache aus der Bahn getragen werden. Nach der Zurückweisung unserer Arbeit werkeln wir bloß noch uninspiriert und roboterhaft weiter, sind ansonsten aber ganz doll beleidigt, weil uns keiner gelobt oder über unsere Fehler gnädig hinweggesehen hat.

Wenn wir wirklich antreten wollen, um die Bubenspiele mitzuspielen – was wir wohl oder übel müssen, da wir unsere eigenen Spiele noch nicht erfunden haben –, dann dürfen wir nicht bei der ersten Schlappe nach einer Sonderbehandlung krähen oder gar nach einem Frauenbonus schielen, der bewirken soll, dass man uns vor Kritik verschont. Noch deutlicher kann man sich ja gar nicht »Randgruppe« auf die Stirn tätowieren; man sollte sich dann aber auch nicht beschweren, wenn man eine Randexistenz führt und es zu nichts bringt.

Männer schreien freilich auch nicht »Hurra!«, wenn man ihre Arbeit kritisiert. Sie schaffen es jedoch in den meisten Fällen, die Kritik an der Sache komplett vom Rest zu trennen. Sie *wissen* ganz einfach, dass man mit einer Kritik weder ihre Arbeit grundsätzlich infrage stellt noch die Person als solche ablehnt. Nach einer Kritik verschwinden sie nicht wie die Frauen in der Schmollecke oder ziehen sich in den inneren Widerstand zurück, sondern sie setzen sich auf den Hosenboden und machen das verdammte Ding noch mal (und notfalls noch mal und noch mal). Schließlich wollen sie gewinnen, und dafür nehmen sie so einiges in Kauf.

Es könnte für Frauen im beruflichen Alltag so viel einfacher sein, wenn sie ihre Belastbarkeit und Ausdauer, ihren Fleiß und ihr kommunikatives Talent noch mit einer gehörigen Portion Coolness garnieren könnten. Dann noch etwas Aggressivität, Konkurrenzdenken und Gewinnen-Wollen beimischen, und wir wären unschlagbar.

Heulsusen gehören nicht ins Büro

»Lass mal, ich mach das auf meine Art«, hört man ab und an von Kolleginnen, wenn es darum geht, wie man am besten sein Anliegen vorträgt oder eine bestimmte Sache durchsetzt. Mich bringt das jedes Mal in Rage, denn »meine Art« sollte es in heutiger Zeit eigentlich nicht mehr geben. Wir sind schließlich in einer realen, oft brutalen Arbeitswelt und nicht in einem Doris-Day-Film. Frauen sollten sich dringend von der verschwiemelten Vorstellung verabschieden, dass das »schwache Geschlecht« nur dann etwas erreicht, wenn es »die Waffen einer Frau« zum Einsatz bringt. Wir sollten diese Waffen getrost stecken lassen und lieber auf das vertrauen, was wir beruflich können. Wie man Allianzen schmiedet und strategisch plant, das sollten wir uns von den Männern abgucken. Alles, was womöglich in anderen Lebensbereichen Wunder wirkt – Erpressungen, Androhung von Liebesentzug, Tränen, Augenaufschläge, unhaltbare Versprechungen, Türenwerfen, Mit-Gegenständen-Schmeißen, beleidigtes Getue, Eingeschnapptsein –, darf im Büro nicht zum Einsatz kommen.

Allemal ist es unendlich viel professioneller, seine Hausaufgaben zu machen und durch sorgfältig aufbereitetes Material, Argumente und Mathematik zu überzeugen als durch irgendetwas anderes. Womöglich lügt sich die eine oder andere dabei noch selbst in die Tasche, »die Waffen einer Frau« seien synonym mit den viel zitierten Soft Skills. Interessanterweise verfallen bevorzugt kompetente Frauen auf die Idee, männliche Vorgesetzte umgarnen statt überzeugen zu wollen, um sich dadurch Zeit und Mühe zu sparen. Deshalb setzen sie statt auf sachliche Argumente lieber auf weibliche Verführungskünste und auf all die kleinen Spielchen, die bei ihnen im Privatleben so hervorragend funktionieren. Wenn sie damit nicht weiterkommen, finden diese Frauen den Rückweg zur Sachebene meistens nicht, und dann kommen halt Weinen und Schmollen zum Einsatz.

Noch Mitte der 80er Jahre rieten amerikanische Autorinnen in ihren Karriereratgebern Frauen allen Ernstes davon ab, Tränen *gezielt* einzusetzen, um etwas zu bekommen, was man ihnen sonst verwehrt hätte. Sie beschreiben Szenarien, in denen Frauen mit manipulativer Absicht weinen, und Sitzungen, in denen mehr Tränen als Tinte oder Hirnströme fließen. Unglaublich, dass so etwas vor zwanzig Jahren offenbar noch funktioniert hat, aber möglicherweise fühlten sich amerikanische Männer – die, wenn man diesen Büchern Glauben schenken darf, sofort einknicken, nur damit das Geflenne aufhört – an ihre Ehefrauen erinnert, die durch das Hervordrücken von Tränen routinemäßig einen Cadillac oder einen neuen Pelzmantel erpressen. Aber auch Tränen, die vergossen werden, weil man gekränkt wurde, sich missverstanden oder beleidigt fühlt, oder aus Wut geweinte Tränen sind vollkommen fehl am Platz, solange man sich in einem professionellen Kontext bewegt.

Von allen uncoolen Dingen, die ich reihenweise im Berufsleben gemacht habe, bin ich doch froh, wenigstens nie im Büro geweint zu haben, wenn man von dem einen Mal absieht, als mich die Drei von der Denkstelle durch ein besonders demütigendes Manöver in einer Sitzung vor zwölf weiteren Kolleginnen und Kollegen der Lächerlichkeit preisgegeben hatten. Ich schaffte es noch etwa zehn Minuten durch die restliche Sitzung und danach halbwegs in Würde mit einem tennisballgroßen Kloß im Hals bis auf das Klo, das dem Konferenzraum am nächsten lag, und dort übermannte mich eine solche Wut, dass ich wusste, ich reiße den Spülkasten aus der Wand oder ich weine ein bisschen alleine vor mich hin. Ich entschied mich für Letzteres.

Die eigenen Tränen sind schon schlimm genug, aber die von anderen will man erst recht nicht sehen. Ich weiß auch nicht, was sich Praktikantinnen oder Assistentinnen davon versprechen, wenn sie, konfrontiert mit Kritik an ihrer Arbeit oder der Zurückweisung einer Gehaltserhöhung, vor anderen Frauen in Tränen zerfließen und noch nicht einmal einen Versuch unternehmen, die Tränen zurückzuhalten oder die zuckende Lippe und das zitternde Kinn zu verbergen. Mir tut es zwar leid, wenn jemand in meinem Büro weint, weil ich etwas gesagt oder getan habe, und es macht mir sogar ein schlechtes Gewissen, weil ich mich unwillkürlich frage, ob ich da nicht jemanden zu hart angepackt habe. Den beabsichtigten Effekt hat es indes nicht, denn durch Tränen habe ich mich noch nie umstimmen lassen, immer nur durch Argumente.

Aufstieg mit Stil

Vor vielen Jahren gab es einmal einen Fernsehspot, an den sich heute kaum noch jemand erinnert. Man sah einen voll besetzten

Konferenztisch, an dem mindestens ein halbes Dutzend Männer in dunklen Anzügen saßen und zwei Frauen. Die eine der beiden Frauen trug ein hellblaues Kostüm und rutschte nervös auf ihrem Stuhl hin und her und fuchtelte und tuschelte dann etwas in Richtung der anderen Frau, die dies offenbar sofort verstand. Diese kramte in ihrer Handtasche und reichte etwas am Tisch weiter zu der Frau im hellblauen Kostüm, die daraufhin total glücklich guckte. Schnitt, Slogan und aus. Der Spot warb für Tampons, und egal, wie oft ich ihn auch sah, ich verstand ihn einfach nicht. Es ging schon mit dem hellblauen Kostüm los. Wieso hatte sie das angezogen, wenn sie ihre Tage hatte oder wusste, dass es bald so weit sein würde? Und warum konnte sie nicht einfach diskret die Sitzung verlassen und auf Toilette gehen, wo es doch bestimmt dieses kleine Schränkchen mit den Zahnbürsten und den Tampons gab? Warum hatte die andere eine Handtasche zur Sitzung mitgenommen und die Frau im hellblauen Kostüm nicht? Und was wollte sie um alles in der Welt mit dem Tampon am Konferenztisch? Spätestens jetzt musste sie doch mit dem Ding in der Hand an allen vorbei zur Tür spazieren. Wie bescheuert ist das denn? Zumal die Sitzung ohnehin schon unterbrochen war und alle sie anstarrten.

Mich hat dieser Spot damals sehr peinlich berührt, obwohl ich zu jener Zeit noch zur Schule ging und Konferenztische und Männer in Anzügen nur von meinen Ferienjobs her kannte. Das Getue der beiden Frauen erschien mir unendlich uncool, und ich fand, sie könnten sich genauso gut große Schilder um den Hals hängen: »Habe meine Tage und kann mich deshalb sowieso nicht konzentrieren!« – »Kontrovers diskutieren, Entscheidungen fällen? Ohne mich! Ich muss mir erst einen Tampon organisieren.« Diese Frauen waren offenbar zu blöd, um mit einer monatlich in schöner Regelmäßigkeit wiederkehrenden, leicht zu kalkulierenden Sache fertig zu werden, die sie einfach nur hätten in den Kalender eintragen und durch ein paar vorsorgliche Maßnahmen flankieren müssen. Und damit waren sie schon überfordert? Wenn sie noch nicht mal das auf die Reihe brachten, was wollte man diesen Hühnern denn sonst anvertrauen?

Den Körper verschwinden lassen

Ein Mann würde weder Durchfall, Kopfschmerzen, Sodbrennen noch eine sonstige Körperfunktion thematisieren. Männer weisen auf ihren Körper erst dann hin, wenn seine Versehrtheit nicht mehr zu übersehen ist, also wenn ihnen beispielsweise gerade eine zentnerschwere Europalette auf den Fuß gefallen ist. Im Büro haben Männer eigentlich gar keinen Körper. Er wird großflächig in einer konsensfähigen Uniform (Anzug, Hemd, Krawatte in konservativeren Kontexten; legerere, aber ebenso uniforme Kombinationen in weniger reglementierten Umfeldern wie Werbeagenturen oder Grafikerbüros) verpackt, tritt aber nicht auffällig hervor. Bei Frauen hingegen zieht von der Frisur bis zu den Schuhen alles die Blicke auf sich.

Ein Mann im Büro ist eine mäßig interessante Erscheinung, während Frauen da grundsätzlich mehr optische Anreize – oder Angriffsflächen – geben. Man denke nur an Angela Merkel, deren Wahlkampf wochenlang von der Frage beherrscht war, ob ihr neues Kostüm nun apricot oder lachsfarben sei und ob sie mit seitlich gescheiteltem Haar besser aussähe, als wenn sie es in die Stirn fallen lässt, und ob es die historische Wahrheit verfälscht, wenn ihre Schweißflecken auf den Bayreuth-Fotos wegretuschiert werden. Die Frau hatte noch keinen Pieps zu ihrem politischen Programm geäußert, da diskutierten schon von der *Bild* über die *Bunte* bis zur *FAS* sämtliche Medien in Deutschland über nichts anderes als ihr Outfit und ihre Frisur. Gerhard Schröder hatte wenigstens vor etlichen Jahren auch einmal kurz Presse gehabt wegen seiner Brioni-Anzüge und seiner Haarfarbe, aber Stoiber, Kohl, Brandt, Schmidt? Kein Mensch hat sich je für deren Klamotten oder Koteletten interessiert.

Mit dieser äußerlichen Auffälligkeit der Frauen geht Hand in Hand, dass auch ihre Performance im Beruf unter größerer Beobachtung steht als die der Männer. Bei Frauen guckt man einfach genauer hin. Das mag ungerecht sein, aber zu ändern ist es erst mal nicht.

Die Strategie amerikanischer Geschäftsfrauen in den 80er Jahren, sich in Power Suits zu werfen, um die berühmte gläserne Decke, die sie von den Führungspositionen trennte, mit breiten Schultern zu durchstoßen, wirkt im Rückblick recht lächerlich. Nichts ist gewonnen, wenn Frauen sich anziehen wie Männer, und Schulterpolster, eine Krawatte oder eine Weste machen noch keine Führungskraft.

Schluss mit dem Herumgepussle

Allerdings kann man von Männern lernen, wie man den Körper zum Verschwinden bringt, indem man ihn nicht in den Vordergrund des Interesses rückt, also beispielsweise in Sitzungen weder die Schuhe auszieht noch mit den Haaren spielt. Merkwürdigerweise tun Frauen dies tatsächlich besonders gern. Je weiter die Sitzung voranschreitet, desto mehr abgestellte Schuhe und bloße oder bestrumpfte Füße kann man unter dem Tisch entdecken und desto häufiger werden Strähnen hinter Ohren geschoben oder um Finger gewickelt. Generell ist es jedoch ratsam, jegliches Herumgepussle an sich selbst zu unterlassen, und zwar nicht nur wegen der Kollegen, sondern auch, damit man selbst ein anderes Körpergefühl hat. Zupft man an der Lippe, kratzt sich an der Nase, dreht an den Ringen am Finger oder fummelt am Armreif, dann fühlt man sich halt doch ein bisschen wie bei der ersten Tanzstunde und nicht, als ob man gerade eine neue Kampagne präsentiert oder das Budget verabschiedet. Und einen besseren Stand hat man auch im Sitzen allemal, wenn die Schuhe an den Füßen bleiben.

Wenn du es eilig hast, gehe langsam

Auch wenn es in der Schule und an der Uni massenweise junge Männer gab, die sich unsäglich herumlümmelten, weil sie das für lässig hielten, so haben die mit ihrem Eintritt ins Berufsleben alle begriffen, dass »cool« jetzt etwas anderes bedeutet, nämlich eine deutliche Reduktion von Gestik und Mimik und eine ostentativ zur Schau gestellte Emotionslosigkeit. Außerdem haben sie gelernt, im Büro gemäßigten Schrittes zu gehen, während sich an Frauen häufig ein grundlos beschleunigter Schritt beobachten lässt.

Beispiel

Tanja und ich fragten uns jahrelang mindestens einmal am Tag, warum unsere Kollegin Jule immer so durch die Gegend schießen musste. Sie schoss zum Kopierer und zurück, sie schoss in unsere Büros und hinaus, sie schoss mehrfach am Tag alle fünf Stockwerke in unserem Verlagsgebäude hinauf und hinunter, sie schoss bei Veranstaltungen durch den Saal und kreuz und quer über unseren Messestand in Leipzig und Frankfurt. Wir kannten auch nach einigen Jahren noch immer keine andere Fortbewegungsart an Jule als das ständige Gerenne. Oberkörper leicht nach vorne geneigt und sehr schneller, strammer Schritt, kurz vorm Dauerlauf. Gerne wurde des Herumgesause begleitet von hektischem Geblättere in irgendwelchen Papierstapeln, die Jule vom oder zum Postfach, Kopierer, Empfang, Konferenzraum trug.

Im Lauf der Zeit kam noch ein leicht irrer Blick hinzu, der sie einem gehetzten Reh sehr ähnlich sehen ließ. Es war wirklich zum Kaputtlachen. Jule hatte es grundsätzlich immer eilig, aber ohne dass Eile geboten war. Sie war auch nicht überarbeitet oder hatte so viel zu tun, dass man hätte sagen können, dass die fünf Minuten, die sie pro Tag durch das Gerenne einsparte, ihr bei irgendeiner Tätigkeit zugute gekommen wären. Zumal sie die ersparte Zeit regelmäßig vertat – denn kaum stand oder saß sie bei einer von uns im Zimmer, dann hatte sie plötzlich alle Zeit der Welt, um etwas zu besprechen oder zu erzählen. Es blieb rätselhaft, warum Jule keinen Modus für normales Gehen in ihrem Fortbewegungsapparat hatte. Schließlich hatte Tanja eine Erklärung, die auch mir sofort einleuchtete: »Die denkt, es unterstreicht ihre Wichtigkeit, wenn sie so einen Bohai von Hektik und Geschwindigkeit um sich herum erzeugt.« Anfänglich war dies sicher Jules Motivation gewesen, und nach einiger Zeit konnte sie vermutlich gar nicht mehr anders.

Grinsekatzen machen keine Karriere

Männer im Büro haben nicht nur keinen Körper, die meisten haben auch kein Gesicht. Wir empfinden unser Gegenüber sofort als sympathisch, wenn es uns anlächelt, große Augen macht, die Augenbrauen hebt oder uns zuzwinkert, und was der vielen freundlichen Gesichtsausdrücke noch mehr sind. Frauen wollen immer gleich, dass man sie nett findet, sie mag und ihnen nichts Schlimmes tut, und lächeln daher teilweise bis zur Gesichtsnervlähmung. »Ich bin nett!« ist hingegen gewiss nicht die erste oder vordringliche Botschaft, die ein Mann in einer Geschäftsbeziehung loswerden will. Er möchte gefährlich wirken, ernst, souverän oder lässig – oder eben cool. Lächeln passt dazu nicht, also macht er entweder ein völlig ausdrucksloses, leeres Gesicht oder er wirkt kantig und seriös und durchbohrt das Gegenüber mit seinem Blick. Frauen sind leicht zu irritieren, wenn man ihr Lächeln nicht erwidert, und grinsen dann umso mehr, um beim anderen endlich auch einen freundlichen Gesichtsausdruck hervorzubringen. Der Effekt ist jedoch leider der, dass man sie als harmlos abtut und nicht ernst nimmt. Bis sie dann zum ersten Mal etwas sagen und diesen Eindruck möglicherweise korrigieren, kann es bereits zu spät sein.

Man muss ja nicht gleich in Maskenhaftigkeit erstarren, aber man sollte auch nicht lächeln bis zum Muskelkrampf. Ein kurzes freundliches Nicken und ein angedeutetes Lächeln reichen meist vollkommen. Wenn ein anderer redet, muss man auch nicht dauerhaft beflissen nicken, als säße man als Wackeldackel auf der Hutablage eines alten Mercedes. Es zwingt einen auch keiner, permanent Rehaugen zu machen oder das Köpfchen schräg zu legen. Herzhaftes Gähnen, heftiges Kopfschütteln, Augenrollen, lautes Losprusten und Sich-vor-Lachen-gar-nicht-mehr-Einkriegen sind alles tolle Gefühlsäußerungen für die Zeit nach Büroschluss oder vielleicht auch mal für ein Gespräch in kleiner Kollegenrunde. An den Konferenztisch oder in eine Besprechung gehören sie indes nicht.

Kompetenzdarsteller

Freilich ist bei vielen Männern die Coolness auch nur Tünche, und darunter ist's fürchterlich. Aber immerhin haben sie sich einen Firnis aus rituellen Handlungen übergestreift, der in vielen Situationen echte Souveränität zu ersetzen vermag. Soziologen nennen das »Kompetenzdarstellungskompetenz«.

Frauen hingegen scheitern oft bereits daran, dass sie nicht verstehen, welches Spiel die Männer gerade spielen. Die Männer wiederum schauen sich das meiste bei älteren Kollegen ab und machen vieles einfach geradezu mimetisch nach. So regeneriert sich das *old boys' network* immerfort aus sich selbst, verjüngt sich und hält und trägt die nachwachsenden Generationen. Frauen hingegen haben fast nie ein direktes Vorbild in der Firmenhierarchie, das sie imitieren könnten, und auch in der Gesellschaft fehlen die Leitbilder, wenn man nicht gerade Filmstar oder Popsängerin werden will. Den männlichen Kollegen aber wollen die meisten Frauen nicht nacheifern, denn entweder empfinden sie deren Coolness als fremdartig oder verwerfen sie als aufgesetzte Lässigkeit und Wichtigtuerei und somit als inakzeptabel für sich selbst. Vielen Frauen ist es wichtig, als authentische Personen wahrgenommen zu werden, auch wenn sie dies eher unsouverän oder sogar unqualifiziert erscheinen lässt. »So bin ich halt«, hört man gerne als Rechtfertigung, wenn man Mitarbeiterinnen auf ihr uncooles Verhalten aufmerksam macht. Gerne will man darauf antworten, dass ein Arbeitsplatz nur in geringem Maße Möglichkeiten für einen egozentrischen Selbstfindungstrip bietet.

Beispiel

Tanja und ich standen damals unseren *old boys*, den drei Mann in Not, mit einem Gefühl der Ratlosigkeit und Resignation gegenüber. Bei genauerer Betrachtung erschienen die Drei uns gar nicht sonderlich souverän, sondern bloß wie in die Jahre gekommene Ausgaben unserer Praktikanten. Wie diese litten sie abwechselnd an Überforderung und Selbstüberschätzung, hatten aber gelernt, ihre jeweilige Befindlichkeit hinter einem dicken Panzer demonstrativ aufgetragener Gelassenheit zu verbergen. Unübersehbar und unüberwindlich waren sie über uns in der Firmenhierarchie verankert. Statt der Mutti, wie bei meinen Praktikanten, sorgten nun offenkundig Ehefrauen für gebügelte Hemden und regelmäßige Nahrungszufuhr. Und falls diese aufgrund der vielen Geschäftsessen dann doch zu üppig ausfiel, waren die Gattinnen auch für die notwendige Diät zuständig.

Bloß nützt es ja leider nichts, dass wir den spätpubertären Firlefanz, der bei vielen Männern die Oberhand behält, durchschauen und insgeheim wissen, dass sie in ihrer emotionalen Entwicklung nur unwesentlich über die achte Klasse hinausgefunden haben. Wir müssen ja trotzdem täglich mit ihnen zusammenarbeiten, ihre Weisungen befolgen und ihre Fehler mitverantworten, während sie unsere Erfolge gerne zu ihren machen.

Gorillas im Meeting

Betrachten wir eine ganz normale Sitzung in einem durchschnittlichen Unternehmen. Und nehmen wir zudem an, die Sitzung hat einen tatsächlichen Grund und nicht nur den, dass man mal wieder einen guten Kaffee in geselliger Runde trinken möchte und möglichst viel Zeit weit weg von der Rückrufliste, den zu beantwortenden E-Mails und der Unterschriftenmappe verbringen will. Innerhalb von Sekunden geht es im Konferenzraum zu wie in einer Gorillaherde, die gerade von Jane Goodall beobachtet wird. Jane Goodall sind wir. Nur dass wir nicht mit Faszination und Forscherdrang auf das Alphamännchen und die anderen Affen starren, sondern mit wachsendem Abscheu und Erstaunen. Worum geht es hier eigentlich? In den ersten paar Minuten offensichtlich darum, sich zu dritt ans Kopfende des kleinen Konferenztisches zu quetschen, auch wenn an jeder Seite noch etwa fünf freie Stühle stehen. Egal, da wollten wir sowieso nicht sitzen, ist ja viel zu weit weg von den Kollegen und den Keksen, und wir sitzen lieber mittendrin und gießen uns schon mal einen Kaffee ein, während die Drei da oben um die *pole position* rangeln als gelte es das Leben. Kann's nun endlich losgehen?

Punkt 1: Längenvergleich

Theoretisch ja, aber nun unterhalten sich erst mal die Drei untereinander, und zwar so, dass keiner dem anderen zuhört und gesprächstechnisch an jeden imaginären Laternenpfahl im Umkreis von acht Kilometern gepinkelt wird. Inzwischen riecht es so stark nach Aftershave und Testosteron, dass wir gerne mal aufstehen und ein Fenster öffnen würden, es aber bleiben lassen, weil dann der Typ neben uns garantiert den letzten Keks mit Schokoladenfüllung nimmt.

Das ursprünglich einmal angesetzte Thema der Sitzung ist längst in weite Ferne gerückt, und nur die wenigen anwesenden Frauen machen sich alle paar Minuten lächerlich in ihrem Bemühen, das Gespräch endlich darauf zu bringen. Mehr als ein schlichter Längenvergleich steht in den allermeisten Sitzungen ohnehin nicht auf der Agenda. Zwar war von vornherein klar, wer den

Längsten hat, aber trotzdem versuchen alle mit einem Kürzeren, ordentlich auf den Putz zu hauen. Wir Frauen rascheln unterdessen mit unseren sorgfältig vorbereiteten Unterlagen, weil wir doch hoffen, es könnte irgendwann noch um die Punkte auf der Tagesordnung gehen.

Für Männer ist eine Sitzung immer auch eines der vielen Mittel zum Zweck der Selbstbehauptung. Soll das Alphamännchen herausgefordert werden und will es sich bei dem damit einhergehenden Brustgetrommel, Gebrüll oder Wegbeißen in seiner leitenden Position bestätigt wissen, dann eignet sich dafür nichts so gut wie eine Sitzung. Rangniedrige Tiere punkten bei Sitzungen gerne damit, dass sie die Wortbeiträge des Alphamännchens ohne eigenen Zusatz nochmals zusammenfassen und lautstark allem, was hohe Tiere sagen, beipflichten. Frauen ist so etwas meist zu billig. Ich schaute damals gerne aus dem Fenster, auf meine Uhr oder ging aufs Klo, wenn eines der strebsamen Jungtiere zu einer seiner Zusammenfassungen ansetzte. Später musste ich mir aber von meinem Programmleiter anhören, dass er es gerne gesehen hätte, wenn ich ihn auch mal explizit durch eine solche Wortmeldung unterstützt hätte. Ich hingegen hatte vermutet, ihn langweile der Beitrag des Strebers ebenso wie mich.

Bei den Platzbehauptungen und Machtdemonstrationen geht es den Männern darum, sich vor der Herde in voller Größe aufzurichten und Ansprüche auf den nächsthöheren Rang zu erheben. Sehr häufig wird dabei einfach nur die alte Ordnung bestätigt, und ein kecker Herausforderer darf sich jaulend und mit eingeklemmtem Schwanz wieder trollen. Männer wissen einerseits nämlich ganz genau, dass es so gut wie unmöglich ist, die Vorherrschaft zurückzubekommen, wenn sie erst einmal abgegeben wurde. Deshalb halten sie um jeden Preis an der erlangten

Position fest. Andererseits ist es öde, wenn einen nicht ab und an einer der jüngeren Affen an den Eiern packt. Denn wie sonst sollte man sich vor Publikum wirkungsvoll in Pose werfen und die Hackordnung frisch bestätigen können?

Brustgetrommel mit PowerPoint

Falls Männer vorbereitet in Sitzungen gehen, dann kann man sicher sein, dass sie einen zuschütten mit Charts und Handouts, die so unverständlich aufbereitet sind, dass ihre Auslegung wie exklusivstes Herrschaftswissen verkauft werden kann. Während Frauen ihr Material meist übersichtlich zusammenstellen, präsentieren Männer gerne Tabellen, die aussehen wie die Börsenkurse in der *Financial Times*. Frauen haben die Handhabbarkeit und Verständlichkeit ihrer Informationen im Blick; Männern ist wichtig, dass sie damit Eindruck schinden – vorrangig bei anderen Männern. Es geht auch hierbei kaum um die Sache als vielmehr um die Demonstration, dass man just in diesem Moment die Verteilung von exklusiven Informationen vornimmt. Overheadprojektionen, auf die man mit dem Laserpointer zeigt, und die prestigeträchtigen PowerPoint-Präsentationen wurden überhaupt nur erfunden, weil es so primitiv wirkt, mit einem Knüppel auf den Boden einzudreschen und dazu brüllend auf und ab zu springen.

Die überambitionierten Präsentationen sind oft in der zweiten Reihe zu beobachten, auf der Ebene der Herausforderer. Dort werden Umsatz- und Mitarbeiterzahlen gerne bis auf die zweite Stelle hinter dem Komma ausgewiesen: »Wir haben in KW 28 mit 78,2 Mitarbeitern × 13 Euro Umsatz erwirtschaftet, ach nein, halt, × 17 Euro.« Oder es wird ein Beamer mit viel Tamtam und Getöse angeschlossen, und dann präsentiert ein schwitzendes Jungtier drei Folien, deren Inhalt es genauso gut auch in vier wohlgeformten Sätzen hätte erklären können.

Beispiel

Wie unter Frauen üblich, nahmen Tanja und ich an solchen Herausforderungsritualen nicht teil. – Diese Bubenspiele führten eher dazu, dass wir uns vor lauter unterdrücktem Lachen regelmäßig fast die Zungen abbissen. Eigentlich verstanden wir gar nicht, was da um uns herum geschah. Mit etwas mehr Einsicht in das Wesen dieser Scheingefechte hätten wir uns vielleicht das eine oder andere davon aneignen können, statt alles immer unter »Unterhaltungswert« oder »Komödie« zu verbuchen.

Tatsächlich wurde uns einiges geboten: Eines der ambitionierten männlichen Jungtiere ließ sein Statussymbol »teurer Füllfederhalter« so lange aufs Papier auftippen, bis die Feder abbrach und die Tinte nach allen Seiten spritzte, vor allem aber auf seine zartgelbe Krawatte, und ein anderer schaukelte derart lässig auf seinem Konferenzstuhl herum, dass er eines Tages einfach nach hinten umkippte und aus dieser schlechten Bodenposition nun versuchte, möglichst unauffällig wieder auf seinen Stuhl und an den Konferenztisch zurückzufinden. Das letzte Mal hatte ich so etwas in der fünften Klasse gesehen, aber dies hier war eine Programmkonferenz in einem mittelgroßen Publikumsverlag.

Freilich waren solche Showeinlagen im höchsten Maße uncool, aber sie gehörten zum Ritual der Bubenspiele dazu und wurden von den alten Gorillas gutmütig belächelt, da sie dahinter das sahen, was es war: Hier üben welche für eine spätere Machtposition; sie probieren sich aus – und irgendwann sind sie auch mal an der Reihe. Tanja und ich kamen nicht im Traum auf die Idee, dass solche Wichtigtuereien karrierefördernd sein könnten. Und wir begriffen auch nicht, dass wir nicht weiterkommen würden, solange wir das Spiel nicht mitspielten.

Kommunikation nach den Regeln der Hackordnung

Die Hamburger Führungskräftetrainerin Marion Knaths, die in ihrer Agentur She-Boss Frauen in leitenden Positionen schult und berät, hat festgestellt, dass Frauen die Bedeutung dieser Bubenspiele fremd ist. Sie wissen oft nicht, dass Männer in Unternehmen – gerade in Sitzungen – nach den Regeln der Hackordnung kommunizieren. Es ist, als hätte jemand diese Ordnung mit signalroter, aber für weibliche Augen unsichtbarer Farbe an sämtliche Wände geschrieben. Aufstrebende Männer halten sich daran und kommunizieren ausschließlich von unten nach oben, weil sie ihren eigenen Status durch ihre Wortbeiträge untermauern wollen. Frauen jedoch verstoßen gegen diese Regeln, da sie nach dem Modell des »Krebskorbgeflechts« nach allen Seiten kommunizieren und von oben und unten, rechts und links weitere Meinungen zu ihrem Thema einholen. Kein Wunder, schließlich geht es den Frauen ja auch um die Sache und nicht um das ganze Imponiergehabe drum herum. Dumm ist nur, dass die Regeln der Männer Gültigkeit haben. Genau das ist der Grund, warum so viele weibliche Wortbeiträge – egal, wie fundiert sie sind – ins Leere laufen.

Lassen Sie das nicht zu! Suchen Sie geeignete Vorbilder und schauen Sie, wie diese Kollegen ihre Beiträge platzieren. Zu wem nehmen sie Blickkontakt auf? Wie setzen sie sich argumentativ durch? Reden sie in kurzen Sätzen oder schachteln sie lange? Wann werden sie laut, wann senken sie die Stimme? Werten Sie

Ihre Ergebnisse aus und formen Sie dann aus den beobachteten Strategien Ihren eigenen Stil. Es geht schließlich nicht darum, die Kollegen zu karikieren. Auch wenn Männer in solchen Dingen nicht sehr feinsinnig sind – das würden sie wahrscheinlich doch merken.

So weit waren wir damals noch nicht. Uns erging es regelmäßig so: Kaum ist die Sitzung vorbei, in der wir fast dauerhaft ignoriert und unsere Beiträge abgebügelt wurden (was hätten wir auch zu einem Längenvergleich beizusteuern?), da sitzen wir schon dem nächsten Irrtum auf. Denn nicht nur ging es bei dieser Veranstaltung um nichts anderes, als darum, mal wieder die Hierarchien zu zementieren: Fünf Minuten später scheinen auch alle harschen Worte und das ganze wichtigtuerische Gehabe vergessen. Die Kerle klopfen sich gegenseitig kumpelhaft auf die Schulter, gehen zusammen pinkeln und verabreden sich dann zum Power-Lunch. Den Kürzeren haben mal wieder wir gezogen (unser Beitrag zum Thema »Länge« …) – und nicht nur, weil uns keiner fragt, ob wir mit essen gehen möchten.

Infozirkel im Herrenklo

Aber auch solche Mittagessen gehören zu den Mechanismen des *old boys' network*. Männer halten meist um jeden Preis zusammen, vor allem wenn es darum geht, Frauen auszugrenzen und vom Zentrum der Macht fernzuhalten. Marion Knaths hat festgestellt, dass »inoffizielle Gespräche Entscheidungen enorm beeinflussen können« und ein vollkommen unterschätzter Machtfaktor sind. Über ihre Zeit in einer leitenden Position in einem großen deutschen Unternehmen sagte sie im Juni 2005 in einem

Interview mit dem *Hamburger Abendblatt*: »Egal, ob es sich um Sport, Bars, Kaminzimmer oder die Toiletten im Unternehmen handelt. Wenn mein Chef mal Pause machte, hatte er wieder neue Informationen für eine wichtige Sitzung oder hat mit einem Vorgesetzten oder Kollegen mal schnell eine Sache geklärt. Wenn ich aus der Toilette kam, war ich genauso schlau wie vorher.« Und zwar deshalb, weil die junge Führungskraft sich dort im Kreis von Sekretärinnen und Praktikantinnen das Näschen gepudert hat, von denen sie keine Informationen oder Absprachen erwarten konnte.

Beispiel

Tanja und mir erging es damals kein Deut besser. Wir kämpften auf verlorenem Posten. Alle für einen und einer für alle. Das ist nicht umsonst der Wahlspruch der Musketiere, und er einte die Drei von der Denkstelle wie jeden anderen Männerbund.

Tanja und ich durchschauten davon denkbar wenig. Mit unseren Ideen, Projekten und Vorschlägen blieben wir allein und ohne Lobby, verstanden aber nicht, warum. Wir ahnten nicht, dass es zu einem Großteil auch unser eigenes Verhalten war, das uns am Vorankommen hinderte. Dekorativ in dieses Männeruniversum hineingetupft, waren wir an keiner der wichtigen Entscheidungen beteiligt und hatten – wenn wir es uns ehrlich eingestanden – wahrhaftig nichts zu melden. Der Typ, der vom Stuhl gefallen war, und der Kommastellenpedant zogen munter an uns vorbei und hatten plötzlich größere Gehälter und bessere Titel als wir. Darüber ärgerten wir uns zwar, aber ich für meinen Teil war im tiefsten Inneren auch froh, dass ich meist unbehelligt vor mich hin bosseln konnte. Wer braucht schon eine Karriere, wenn er einen Job mit großem Identifikationspotenzial hat? Dabei hätten wir zu jener Zeit schon so viel weiter sein können, wenn wir die simpelsten Spielregeln gekannt hätten.

Mitspielen!

Aus heutiger Sicht hätte unsere Devise damals lauten sollen: »Spiele das Spiel und mache es allmählich zu deinem.« Da wir aber unverhohlen unsere Verachtung für die Bubenspiele zur Schau stellten und deutlich machten, dass wir nicht mitspielen wollten, grenzten wir uns selbst aus und wurden zugleich von den Männern in dieser Randposition gehalten. Irgendwann hatten wir uns angewöhnt, nur noch um die Dinge zu kämpfen, die wir für wirklich wichtig hielten, und alles andere, was uns so tagaus, tagein begegnete, mit Ironie und Sarkasmus zu parieren. Mittlerweile ging ich in alle größeren Sitzungen mit etwa zehn Minuten Verspätung, um mir das Gerangel um die vorderen Plätze und alle anderen Männlichkeitsrituale nicht jedes Mal aufs Neue ansehen zu müssen. Ich wollte dabei sein, wenn es um Inhalte ging, den rituellen Teil ersparte ich mir. Aber das war völlig falsch.

Dadurch wirkten Tanja und ich nämlich die meiste Zeit so, als ob wir uns nicht mehr für das größere Ganze engagierten, die Drei von der Denkstelle nicht ernst nahmen und uns bloß ab und an in etwas verbissen, das uns wirklich am Herzen lag. Das kam weder bei der Unternehmensspitze gut an noch bei unseren jungen Lektorinnen und Assistentinnen, denen wir so ganz sicher kein Vorbild abgaben, da wir abwechselnd erratisch, hysterisch oder apathisch auf sie wirken mussten.

Beispiel

Unterdessen vergrößerte sich das Unternehmen. Innerhalb weniger Monate hatten unsere drei Vorgesetzten wie bei einem Haifischgebiss eine zweite Reihe aufgestellt, die sich sofort messerscharf und beißfertig aufrichtete, falls sie selbst für Entscheidungen nicht greifbar oder längere

Zeit abwesend waren. Der Typ, der vom Stuhl gefallen war, der PowerPoint-Streber und der Kommastellenpedant wurden zu stellvertretenden Abteilungsleitern befördert und uns zusätzlich zu den drei Mann vor die Nase gesetzt. Tanja und ich waren bei der Vergabe von neuen Posten vollkommen leer ausgegangen und werkelten weiterhin austauschbar und ohne größeren Effekt in unserer Karrieresackgasse vor uns hin. Uns hatte seit drei Jahren keiner mehr ge- oder befördert, und seit ein paar Monaten beachtete uns auch niemand mehr.

Damals war ich überzeugt davon, dass die Drei von der Denkstelle uns systematisch ausgebremst und abgehängt hatten und wir in der Folge eingeknickt waren. Heute bin ich mir nicht mehr so sicher, was Ursache und was Wirkung war. Ich vermute inzwischen eher, dass wir uns allzu offenkundig aus der testosterongetränkten Stierkampfarena zurückgezogen hatten und man uns daraufhin konsequenterweise fallen ließ.

Ich Chef, du nix

Apropos Arena: Viel zu viele Frauen unterschätzen die Bedeutung der eigenen Positionierung in der Büro-Arena. Sitzen Sie mit dem Rücken zur Bürotür? Schlecht. Steht Ihr Schreibtisch im kleinen Nebenzimmer? Auch schlecht. Ist Ihr Schreibtisch kleiner, niedriger oder schäbiger als die anderen Schreibtische im Raum? Ganz schlimm. Wenn Sie sich schon in der Arena ins Abseits setzen, dann brauchen Sie sich nicht zu wundern, wenn Sie innerhalb kürzester Zeit umgerannt, aufgespießt oder an die Wand gedrückt werden. So wie Cora.

Beispiel In dieser Zeit zog unsere Freundin Cora gerade mit der Zwei-Mann-PR-Agentur, bei der sie angestellt war, aus einem kleinen Ladengeschäft in Büroräume im dritten Stock eines Altbaus. Dort hatten sie und Jörn statt gegenüberstehenden Schreibtischen, einer eingebauten Teeküche und einem winzigen fensterlosen Klo auf insgesamt zweiunddreißig Quadratmetern jetzt nahezu achtzig Quadratmeter zur Verfügung. Man kam zu einer Eingangstür in einen Flur, und dann gab es gleich linker Hand einen riesigen, lichtdurchfluteten Raum; in dem saß ihr Kollege Jörn. Dahinter, verbunden durch einen Zugang, aber ohne Tür zum Flur, war Cora in ihrem kleineren Büro untergebracht, das nur ein schmales hohes Fenster und einen klitzekleinen Heizkörper hatte und immer viel dunkler und etwas kälter war als Jörns Zimmer. Gegenüber hatte die neu eingestellte Halbtagssekretärin ihr kleines, recht finsteres Refugium, weitere Türen führten in eine schmale Küche und in ein ungewöhnlich stattliches Bad mit einer großen runden Badewanne. Jörn hatte sich das große, helle Büro gegriffen, weil er beim Umzug in die neuen Räume schneller war als Cora. Er zog zwei Tage vor ihr dort ein und stellte alle seine Regale, Bleistiftanspitzer und Aktenordner schon mal intuitiv in das größte und schönste Zimmer. Was soll's, dachte Cora, da hinten habe ich wenigstens meine Ruhe. Interessant wurde es, als die ersten Kunden kamen. Cora wurde nämlich von Leuten, die nicht wussten, dass sie und Jörn gleichgestellte Geschäftsführer dieser Niederlassung waren, behandelt, als sei sie seine Angestellte. »Na, ob der Chef Ihnen erlaubt, dass Sie uns zum Mittagessen begleiten, höhö«, tönte es eines Tages aus einem dicken Teiggesicht mit pissgelb gefärbten Haaren und einem karierten Gebrauchtwagenverkäufersakko heraus und in Coras kleine Arbeitshöhle hinein. Weibliche Besucher verhielten sich kein Stück besser, noch nicht mal, wenn sie einen Termin alleine mit Cora hatten. »Ihr Boss ist aber ein Netter«, sagten die dann nach einem Blick ins Nebenzimmer. Cora biss beinahe in die Tischplatte.

Die Situation wurde auch nicht besser, nachdem Cora und Jörn ihre Büros getauscht hatten. Jetzt lugten die Kunden an Cora vorbei ins Hinterzimmer: »Na, der Chef schon da?« Oder sie stapften gleich nach hinten durch zu Jörn, ließen sich dort auf die Besucherstühle fallen und zeigten durch den offenen Durchgang mit dem Daumen auf Cora: »Ob sie uns einen Kaffee kochen kann?«

Zu ihrem fünfunddreißigsten Geburtstag schenkte Coras Mann ihr ein T-Shirt, auf dem stand »Ich Chef, du nix«. Das trug sie nun immer sonntags zu Hause. Nach einigen Monaten passierte dann aber etwas Seltsames: Jörn begann offenbar zu glauben, was ihm seine Umwelt fortwährend suggerierte. Cora dachte jedenfalls, ihr müssten vor ungläubigem Staunen beide Ohren abfallen, als sie Jörn eines schönen Tages am Telefon sagen hörte: »Tja, hier geht der Chef noch selbst ans Telefon.« In dem Moment, als Jörn auflegte, stand Cora schon vor seinem Schreibtisch. »Du und der *Chef* – träum weiter!« Jörn zuckte die Schultern und widmete sich wieder seinem virtuellen Kartenspiel Solitaire, das er erst wenige Tage zuvor auf seinem Computer installiert hatte und das seine Aufmerksamkeit in jener Zeit fast vollständig beanspruchte.

Aber damit noch nicht genug: Wenige Tage nach diesem Zwischenfall las Cora zu ihrem allergrößten Erstaunen ein Interview mit Jörn in einem PR-Branchenblatt. »Jörn Körner, vierundfünfzig, leitet die zweite Niederlassung der großen PR-Agentur Stenzke« stand unter dem Interview und einem Foto, das Jörn bräsig hinter Coras Schreibtisch zeigte.

Es ist schwer zu entscheiden, ob in diesem Fall das Phlegma oder das Ego des Möchtegernchefs größer waren. Fakt ist: Wenn jemand der Projektion vom Chefsein, die sein Umfeld an ihn heranträgt, gründlich auf den Leim geht, schafft er gute Konditionen für sich selbst. Denn in diesem Wahnsinn bestätigt ihn wiederum seine Umgebung, die das Chefgetue als Manifestation der wirklichen Verhältnisse ansieht. Selbst wenn Frauen in der Position von Cora sich ein schwarzes Brett an die Stirn nageln, auf dem das Gegenüber ein paar einfache Fakten hätte ablesen können, beispielsweise, dass sie mit ihren Kunden 87 Prozent des Umsatzes der Niederlassung machen, hilft das nichts. Es bleibt ihnen nichts anderes übrig, als sich in das offenbar Unvermeidliche zu fügen, nämlich dass alle Arbeitsverhältnisse über kurz oder lang so gesehen werden, wie es der Norm und unserem Verständnis von der Welt entspricht: älterer Mann = Chef, jüngere Frau = seine Angestellte/Assistentin.

Der Ärger mit den alten Säcken

Die eigentliche Geschichte ist immer die gleiche: Älterer Mann versucht, in der direkten Konkurrenz mit jüngerer Frau durch jede Menge fieser Tricks noch eben so das Gesicht zu wahren, denn rein nach Leistung, Können und Performance könnte er seine Siebensachen packen und nach Hause gehen. Das kann der ältliche, bereits mehrfach abgesägte Cheflektor sein, der bei einem Abendessen in einer größeren Runde seine beiden jungen Kolleginnen in Abwesenheit als »überambitionierte Revierzicken« bezeichnet, aber blöderweise übersieht, dass deren beste Freundin mit am Tisch sitzt; oder der auf ein Nebengleis abgeschobene alte Journalist und schwere Alkoholiker, der krampfhaft an seiner Lebenslüge festhält, dass sein quasi nicht mehr vorhandenes Ressort das wichtigste der ganzen Zeitung sei und ohne ihn der Journalismus in Deutschland vor die Hunde ginge. Alles alte Säcke, die durch andere alte Säcke unterstützt werden.

Und die trotz ihrer miserablen oder gar nicht erkennbaren Leistungen überdimensionierte Gehälter kassieren.

Beispiel

»Der ganze Stress lohnt doch nicht, diesen Typen änderst du nie«, wiegelte Coras Mann regelmäßig ab. »Vermutlich weiß der im tiefsten Inneren ganz genau, wie armselig er ist. Und du kriegst von der ganzen Aufregung höchstens noch ein Magengeschwür.« – »Das kriegst du nur, wenn du dich *nicht* aufregst, und du kannst dir sicher sein, Jörn hat nicht die leiseste Einsicht in seine eigenen Verhaltensmuster«, widersprach Tanja dieser von Cora referierten These, als wir zu dritt nach Büroschluss bei einer Pizza Parma im *Finito* saßen und uns Coras Geschichten anhörten.

»Was mich am meisten an alldem ärgert«, fasste Cora ihre Situation zusammen, »das ist, dass ich mich die ganze Zeit *so sehr* über Jörn aufrege, dass ich darüber vollkommen meine Souveränität verliere. Ich mache lauter total uncoole Sachen und wirke, als sei ich überarbeitet und permanent am Rande eines Nervenzusammenbruchs. Vor allem verhalte ich mich mittlerweile tatsächlich so, als sei ich bloß Jörns Angestellte, und so werde ich auch bezahlt. Das ist doch zum Davonlaufen!«

»Warum ist dieser alte Sack dann noch auf seinem Posten?«, sollte Cora sich fragen. Weil andere alte Säcke zu ihm halten, lautet dann die resignierte Antwort. Jörn hatte irgendjemand immer wieder im richtigen Moment einen wirklich guten Job gegeben, obwohl er in der PR-Branche wahrlich kein großes Licht war und seine vorhergehenden Agenturen alle nicht freiwillig verlassen hatte. Dennoch schoss ihn das *old boys' network* nicht in den Orbit, sondern fing ihn jedes Mal wieder auf, um ihn auf dem nächsten hoch dotierten Posten weiter durchzufüttern. Während Frauen wie Cora die Arbeit für ihn erledigten.

Frauen lassen Frauen fallen

Eine Frau, die dreimal irgendwo entlassen worden ist, wird nie wieder einen Fuß auf den Boden bekommen, weil weithin sichtbar das Stigma der Erfolglosigkeit an ihr haftet. Man wird sich branchenintern von ihr fernhalten, und jeder potenzielle Arbeitgeber wird die Finger von ihr lassen, vermutet er doch, hier eine Frau vor sich zu haben, die den Anforderungen einer Stelle, wie er sie zu vergeben hat, sicher nicht gewachsen ist oder irgendeinen anderen Makel hat. Wenn eine Frau scheitert, dann wollen wir sie schon bald nicht mehr kennen, ihr mit ein paar Tipps aushelfen oder irgendwo ein gutes Wort für sie einlegen. Die wird schon selber schuld sein, denken wir, und lassen die Erfolglose links liegen. »Hilfe, da drüben ist der Branchenloser!« war damals ein beliebter Ausspruch von Tanja Knessel, wenn wir bei einer Buchmesseparty um eine Säule bogen und eine unserer ehemaligen Kolleginnen erspähten, wie sie gerade versuchte, einen Verleger oder Cheflektor zu umgarnen, der ihr nicht schnell genug entkommen war. Wir schlugen dann immer einen ganz großen Haken. Wir redlichen Fleißarbeiterinnen, die wir selbst keine Beförderung in den nächsten hundert Jahren in Aussicht hatten, hatten diesen Frauen den schnellen Erfolg zunächst geneidet, aber als sie dann mit Vollgas und im Gucci-Kostüm vor die Wand fuhren, sahen wir ihnen genüsslich zurückgelehnt dabei zu.

Male bonding

Männer sind nicht so. Sie halten zusammen, auch wenn der andere ein komplettes Arschloch ist und sich auf dümmste Art und

Weise disqualifiziert hat. Wer weiß, wann man ihn wieder braucht? Zudem ist es strategisch geschickt, sich innerhalb einer halbwegs homogenen Gruppe nicht gegenseitig zu verraten oder im Stich zu lassen. Damit verhindert man, dass jüngere Männer – oder schlimmer noch: Frauen – nachrücken und Plätze einnehmen, die man fahrlässigerweise nicht schnell genug mit irgendeinem alten Kumpel besetzt hat. Die alten Säcke beherrschen diese *male-bonding*-Techniken, als hätten sie sie in den letzten Jahrzehnten mit dem Bier nach Feierabend eingesogen, und die jungen Männer üben schon mal für später.

Für uns bleibt da wenig Platz und auch wenig Gelegenheit, uns zu beweisen. Zumal die Ally-McBeal-Attitüde, die viele junge Frauen einnehmen, wenn sie in ein Arbeitsumfeld alter Säcke hineingeraten, wenig hilfreich ist. »Ich bin ein kleines Mädchen, das im Club der Alten Herren spielt«, sagt Ally in einer Folge der zweiten Staffel. »Höchste Zeit, erwachsen zu werden«, will man ihr zurufen. Um sich hinter dem Kleine-Mädchen-Quatsch zu verstecken, ist man mit über dreißig bereits mehr als zwanzig Jahre zu spät dran. Es ist also dringend zu unterlassen.

Claudius Seidl hat das Phänomen des *male bonding* so beschrieben: »Als ich fünfundzwanzig war, hing mir meine Jugend zum Hals heraus, und mit einunddreißig bekam ich von meinem Chef zu hören, dass ich furchtbar ehrgeizig für mein Alter sei; wenn er sich selbst anschaue, könne er nur sagen, es bleibe mir noch genügend Zeit. Als ich achtunddreißig war, heuerte ich einen Mitarbeiter an, der war dreiundzwanzig, sehr begabt und sehr sympathisch; nach einem Monat duzten wir uns.« So funktioniert das unter Männern: Man wählt sich seinen Assistenten aus und zieht damit auch seinen unmittelbaren Konkurrenten und potenziellen Nachfolger heran.

Clever, denken Frauen: So macht man sich den Jüngeren ergeben; dann will er einen gar nicht mehr beerben, sondern hält zu einem. Wieder ganz falsch. Männer machen das, weil der Gegner so berechenbarer wird. Zum einen lernt der Assistent alles, was er später gegen seinen Chef verwenden wird, von diesem, seinem Vorbild, zum anderen kann der Ältere den Jüngeren jahrelang genau studieren. Der Griff nach der Krone kommt dann nicht mehr überraschend und kann abgewehrt werden. Da es ohne Konkurrenz nicht geht, ist »Halten« eine viel größere Kunst als Wegbeißen, Verdrängen, Ränkeschmieden oder Rausmobben, weil all das nur immer weitere Konkurrenten und Anstürme auf den eigenen Posten nach sich zieht. In seiner Kolumne im Schweizer *Magazin* (Nr. 18/2005) schreibt der Schriftsteller Martin Suter: »(...) die hohe Schule ist unbestritten die des Haltens. Bei dieser Technik geht es darum, den chancenlosen Konkurrenten in seiner Position zu festigen und so den Kanal für andere, ernster zu nehmende Kandidaten zu verstopfen.«

Suche nach einem *sparring partner*

Ein klassischer Beweis für die berufliche Evolution der Männer: Wer die Energie, die von einem Konkurrenten ausgeht, nach einfachen, aber wirkungsvollen Gesetzen der Karrierephysik in eine Kraft verwandelt, die einem selbst Vorschub gibt, den wird es nie kalt erwischen, wenn andere auf seinen Stuhl wollen. Viele Männer empfinden das sogar regelrecht als Herausforderung und verlangen explizit nach einem *sparring partner*.

Frauen meiden das *sparring*, Männer suchen danach. Horst beispielsweise hatte die Wahl, ob er – bei gleicher Qualifikation –

eine Frau oder einen Mann als persönlichen Assistenten einstellt. »Ich wollte eigentlich ganz gerne einer Frau den Job geben«, erzählte er mir, »habe mich dann aber doch für den männlichen Bewerber entschieden. Bei dem muss ich immer auf der Hut sein. Das spornt mich zu Höchstleistungen an. Da lässt man sich nie gehen. Bei der Frau hatte ich das Gefühl, dass von ihr nie eine Gefahr ausgehen wird. Die perfekte ewige Assistentin. Das hat mich dann plötzlich nicht mehr interessiert.« – »Und was machst du, wenn dein Assistent wirklich auf deinen Posten will?« – »Erst mal hole ich in den nächsten Jahren alles aus ihm raus. Der soll arbeiten bis zum Umfallen. Dann mache ich ihm Mut. Und wenn er wirklich eines Tages so weit sein sollte, muss er sich ja erst gegen die Konkurrenz im Haus durchsetzen, gegen die Lektorinnen, die in den nächsten Jahren auch nicht schlafen werden. Wenn er danach immer noch kämpft, dann soll er von mir aus meinen Job haben. Bis dahin bin ich reif, mich in einem größeren Haus zu bewerben. Ich will ja nicht auf Lebenszeit Programmleiter in einem Verlag mit sechzig Mitarbeitern bleiben.« Ach so war das. Manchmal ist es überaus nützlich, wenn einem die Horste dieser Welt einen Einblick in ihre Motive geben.

Im Gegensatz zu den Horsten sind wir Frauen zutiefst verletzt, wenn sich jemand sichtbar um unseren Posten bemüht und Ehrgeiz darauf verwendet, uns am Stuhl zu sägen. Vor allem, wenn es sich um eine andere, womöglich auch noch jüngere Frau handelt. Wir fühlen uns dadurch nicht bloß bedroht, sondern auch hintergangen. Die andere, die Jüngere, die Ehrgeizige, gilt als undankbares Miststück. Als ob Dankbarkeit ein Einstellungskriterium oder ein Karrierebooster wäre.

Auch das müssen Frauen erst noch lernen: Wir machen nicht durch freundliche Anpassung Karriere und genauso wenig durch aufmüpfige Widerborstigkeit, sondern dadurch, dass wir tagtäglich im Beruf zeigen, dass wir im Ernstfall für unser Gegenüber ein verlässlicher Partner sind. Oder ein verlässlicher Gegner.

Achtung, Mädchenfalle!

Stil

Do:

- Kleiner Check vorm Spiegel: Habe ich eine Frisur und ein Outfit, das meinem Alter entspricht?
- Eine seriöse Garderobe für den Job zulegen, in der man sich wohl fühlt.
- Immer gute Schuhe tragen – die können auch preiswerte Outfits aufwerten.

Don't:

- Jenseits der vierzig noch aussehen wollen wie mit zweiundzwanzig, weil man es sich figürlich durchaus leisten kann/weil man sich so für attraktiver hält/weil man nur so alt ist, wie man sich fühlt. Also keine sichtbaren G-Strings, knallengen Trainingsjäckchen in Froschgrün, niedliche Zöpfe, zotteligen Fellstiefel, wattierten Jacken in Rosa, Kinderschuhe in Erwachsenengrößen.
- Applikationen aller Art an Kleidung und Schuhen, Tattoos und Piercings am Körper.
- Zu viel Dekolleté zeigen, bauchfreie Oberteile, Trägerhemdchen tragen. Auch bei 40 Grad und einem Büro ohne Klimaanlage gilt: Sie sind im Job, nicht am Strand.

- Ally-McBeal-Rocklänge und Absätze, die höher als zehn Zentimeter sind.
- Gleich mal alle duzen, die genauso jung aussehen wie man selbst.
- Auf dem Sie bestehen, wenn sich bereits alle duzen.
- Alles vom Arbeitsplatz verbannen, das einen in der Zeit zwischen zwölf und neunzehn Jahren begeistert hat: putziger Nippeskram auf dem Schreibtisch, Schlüsselanhänger mit kleinen Kuscheltieren, permanent trällernde Radios, Fotos von Robbie Williams oder Orlando Bloom, lustige Handy-Klingeltöne.

Coolness / Professionalität

Do:

- Alles in einem unaufgeregten Tempo erledigen.
- Die Stimme auf einer normalen Tonhöhe halten (zur Not Stimmbildungstraining).
- Bei angespannten Situationen oder extremer Belastung immer erst mal tief durchatmen und sich sammeln.
- Panik und alle ihre Begleiterscheinungen bewusst vermeiden oder bekämpfen.
- Termine mit sich selbst machen, um wichtige Dinge in Ruhe erledigen zu können.
- Routinearbeiten zügig erledigen.

Don't:

- Die Stimme überschnappen lassen, wenn etwas wichtig/eilig ist.
- Laut werden, wenn man keine Argumente hat.
- Mit Kloß im Hals sprechen.
- Geschäftig über die Flure düsen, weil man so wichtig ist/die Arbeit nicht warten kann.
- Dinge, die man nicht verstanden hat, ohne weitere Nachfrage mehr schlecht als recht erledigen.
- Betont langsam arbeiten, weil das lässiger wirkt.
- Schnell und schlampig arbeiten, damit man pünktlich aus dem Büro kommt.

Meetings

Do:

- In Sitzungen: Hände auf den Tisch, Beine und Füße unter den Tisch. Schuhe anbehalten.
- Aktiv an Diskussionen beteiligen.
- Eigenes Wissen einbringen und Problemlösungen auch ohne Aufforderung mitgestalten.
- Die Hackordnung und das Gerangel darum akzeptieren.
- Bubenspiele in Maßen mitspielen.
- Kapieren, dass es nicht immer um das geht, was auf der Agenda steht.

- Bei Provokationen cool bleiben.
- Immer aufs Schlimmste gefasst sein: Sie sind im Dschungel, nicht im Streichelzoo.
- Verantwortung übernehmen, Initiative zeigen, auch wenn es zunächst nur kleine Dinge sind.
- Sich mit der oberen Etage beizeiten vertraut machen.

Don't:

- Während einer Sitzung in den Haaren spielen, an der Lippe zupfen, an den Fingernägeln kauen, permanent reale oder imaginäre Fusseln vom Jackett fieseln.
- Lümmeln, Gähnen, Einschlafen, Desinteresse zeigen, Zeitung lesen. Auch wenn Sie keiner dafür rügt – niemand wird Sie auf Dauer ernst nehmen.
- Sich automatisch fürs Kaffeekochen, die Kekse oder das Protokoll zuständig fühlen.
- Annehmen, dass alle nur das Beste für einen wollen.

5.

Auf der Ausrollstrecke

In Gegenden mit starken Gefällen gehen von den Straßen in unregelmäßigen Abständen so genannte Ausrollstrecken ab. Hat man festgefressene Bremsen, einen überhitzten Kühler oder auch nur eine zu hohe Geschwindigkeit, dann lässt man sich einfach von der Straße in voller Fahrt auf eine dieser leicht ansteigenden Schotterpisten tragen, wo man gefahrlos ausrollt. Ist man dann in der Mitte von Nirgendwo zum Stillstand gekommen, stellt man fest, dass die eigentliche Straße, die einen ans Ziel bringen soll, jetzt sehr weit entfernt ist und man nur mühsam wieder zurück kommt.

Karrieren von Frauen verlaufen oft wie solche Ausrollstrecken, und das subjektive Gefühl, man sei mit Vollgas auf dem richtigen Weg, während man in Wahrheit auf einer Nebenstrecke ausrollt, um dann am Ende einer Sackgasse einfach stehen zu bleiben, ähnelt dem bei einer solchen Autofahrt. Während Autofahrer in bergiger Landschaft die Ausrollstrecke bewusst wählen, um Gefahr abzuwenden, lenken Frauen ihre beruflichen Geschicke oft unbewusst in eine solche Sackgasse. Oder andere leiten sie dort in voller Absicht hinein, weil sie dies für die beste Lösung für sich halten.

Ausgebremst und abgehängt

Der Wunsch nach der Versorgerehe, Träumen, Zaudern und Es-immer-nur-nett-haben-Wollen sind riesengroße Karrierehindernisse, aber offensives Vorankommen-Wollen und sichtbarer Ehrgeiz sind es in einem männerdominierten Umfeld ebenso. Damit sind wir Frauen in einer *No-win-no-win*-Situation. Entweder wir erfüllen das Klischee vom ewigen Mädchen und verhungern in den Startlöchern, oder wir gelten als humorlose Emanzen, die aus allen Körperteilen Ellenbogen formen, um sich nach oben zu kämpfen. An anderen Kerlen fänden die großen Jungs das toll. Über uns Frauen hingegen lassen sie ein psychologisches Gutachten anfertigen, um zu ermitteln, ob das eigentlich normal ist, dass eine Vertreterin des weiblichen Geschlechts etwas wirklich *will*.

Beispiel

Tanja Knessel strebte vor einigen Jahren einen Posten als Werbeleiterin bei einem großen Konzernverlag an. Sie war soeben vierzig geworden und in einer guten ungekündigten Position. Der Ortswechsel zurück in unsere Stadt, den der neue Job mit sich bringen würde, kam ihr aus privaten Gründen gerade sehr gelegen. Nach einem ersten Vorstellungsgespräch auf höchster Konzernebene – es hatten sich die beiden Geschäftsführer eingefunden – war eigentlich klar, dass man sie dort wollte. Irgendwann, wie in solchen Gesprächen üblich, sprach man dann über die Gehaltsvorstellungen der Bewerberin, und weil keiner der beiden Herren bei Tanjas Forderungen mit der Wimper zuckte, fragte sie sich am Abend bei einem Rundumtelefonat mit Karen, Lene und mir, ob sie nicht zu bescheiden aufgetreten war.

Tanja fuhr zuversichtlich wieder nach Hause und erwartete den nächsten Schritt des Verlags, der jedoch nichts von sich hören ließ. Wenn sie im Verlag anrief, wurde sie vertröstet. Nach einem vollen Monat schließlich eröffnete man ihr, man würde sie sehr gerne zu einem zweiten Gespräch einladen. Und was nun passierte, war erstaunlich: Ihr saßen plötzlich nicht mehr nur die beiden Geschäftsführer gegenüber, wie beim ersten Mal, sondern zudem zwei Abteilungsleiter. Zu viert machten die Herren ihr nun klar, dass sie auf einer anderen Ebene angesiedelt werden würde. Einer Ebene mit ganz viel Verantwortung und ganz viel Eigenständigkeit und ganz viel Handlungsfreiheit, nur halt irgendwie *unter* den Abteilungsleitern. Das verstand Tanja nun überhaupt nicht, denn es gab strukturell gesehen keinen Grund, warum sie nicht als Abteilungsleiterin für ihren Bereich den gleichen Rang in der Firmenhierarchie (und ein entsprechendes Gehalt) wie die beiden männlichen Mittvierziger beanspruchen sollte.

Da die vier Herren einen harten Kurs fuhren, geriet Tanja allmählich in eine kontrollierte Rage, und entsprechend hitzig verlief nach einiger Zeit das Gespräch. Die beiden Geschäftsführer waren inzwischen verstummt, und die zwei jüngeren Abteilungsleiter dominierten die Auseinandersetzung. »Sie haben ganz schön hohe Forderungen«, sagte der eine, als man erneut über Gehalt und Status sprach, zwei Punkte, über die beim ersten Gespräch mitnichten kontrovers diskutiert worden war. »Ich verstehe gar nicht, warum Sie sich jetzt immer an diesem Titel aufhängen. Ich dachte, Sie wollten bei uns arbeiten, weil Sie sich mit unserem Verlagsprogramm identifizieren können und hier etwas bewegen wollen?« – »Ja, schon«, sagte Tanja, mühsam beherrscht, »aber wenn ich nicht Werbeleiterin bin, was bin ich denn dann?« – »Ach, da finden wir schon was Schönes, machen Sie sich da mal keine Sorgen«, war die Antwort.

Obwohl Tanja noch wenige Tage zuvor davon überzeugt war, dass sie die Stelle gar nicht bekommen würde, begann sie nun, mit Zähnen und Klauen darum zu kämpfen. »Wenn ich meinen Bereich leiten soll wie Sie den Ihren, dann verstehe ich nicht, warum ich nicht ebenfalls auf Ihrer Ebene einsteigen soll.« – »Also, Sie sind ja ganz schön ehrgeizig. Da fragen wir uns natürlich schon so langsam, ob das nicht auf Dauer problematisch mit Ihnen werden könnte«, war das Fazit des einen Herrn. Und der andere meinte: »Sie haben sich da jetzt völlig in etwas verrannt. Beruhigen Sie sich erst mal wieder, Frau Knessel.« Nach weiteren fünf Minuten des fruchtlosen Schlagabtausches ging man erschöpft auseinander und beschloss, sich am nächsten Tag noch einmal kurz zusammenzusetzen.

»Ich hätte mich in etwas verrannt, hat der gesagt, das muss man sich mal vorstellen. Erst bewerbe ich mich auf die Stelle, und plötzlich ist sie eine Nummer kleiner als vorher, und ich muss mich rechtfertigen, warum ich das nicht akzeptieren will, und werde dann noch als hysterische Kuh abgestempelt. Was soll ich jetzt bloß machen?« Tanja hockte bei mir auf dem Sofa, kochte noch immer vor Wut, und wir hatten bereits der Reihe nach Karen, Lene und Cora angerufen. Da mir keine Antwort einfiel, die Tanja jetzt eine angenehme Nachtruhe bescheren würde, sagte ich schließlich wenig originell: »Schlaf erst mal drüber und lass uns morgen früh weiterreden.« Ich wollte in Ruhe sortieren, was dies alles zu bedeuten hatte. Am nächsten Morgen wollten wir dann die anderen wieder anrufen.

Kaum war Tanja im Gästezimmer verschwunden, klingelte das Telefon. »Alexandra, hallo. Sorry, dass ich so spät noch störe, hier ist der Jürgen. Sag mal, du kennst doch die Tanja Knessel ganz gut. Die war heute bei uns beim Bewerbungsgespräch, und Michel und ich, wir sind ja eigentlich alles andere als begeistert. Die beiden Alten mögen sie offensichtlich, aber uns kam die arg überambitioniert vor. Puuuhhh. Ich dachte, da frage ich mal dich, ob die auch sonst so kompliziert und humorlos ist. Die hat uns da heute vielleicht einen Auftritt hingelegt. Junge, Junge, eine richtige Revierzicke ist das.« – »Schon gehört«, gab ich vorsichtig zur Antwort. »Willst du jetzt eine Bestätigung, oder willst du die Wahrheit hören, nämlich dass man Männer, die um ihr Gehalt, ihren Titel und ihren Status kämpfen, taff und cool findet und bei Frauen dasselbe Verhalten als hysterisch und krankhaft ehrgeizig abtut.« Längeres Schweigen am anderen Ende der Leitung. Dann: »Sag mal, was ist denn mit dir plötzlich los? Habt ihr jetzt alle gleichzeitig eure Tage, oder was?« Ich legte auf.

Am Morgen von Tanjas abschließendem Gespräch hätten wir ihr jedenfalls alle von dieser Stelle abraten sollen, wenn wir damals schon so viel über Sackgassen und Ausrollstrecken gewusst hätten. Da wir aber vom Straßenverlauf in bergigen Gegenden nicht die leiseste Ahnung hatten, redeten wir ihr alle gut zu. Die beiden Abteilungsleiter würden ohnehin bald ihre Widersacher werden. Warum dann erst mit einem freundlichen Vorgeplänkel beginnen. Innerhalb des Konzerns würde man ein sehr genaues Auge auf die Performance jeder einzelnen Abteilung haben. Alle würden in Konkurrenz zueinander stehen. Darauf konnte man sich jetzt entweder einlassen oder es bleiben lassen. Wir rieten ihr ausdrücklich dazu, sich ins Gefecht zu stürzen.

Nachmittags um sechzehn Uhr hatte Tanja bereits ihren neuen Arbeitsvertrag unterschrieben. Wir brachten sie mit Blumen und Sekt zum Bahnhof. Cool, dachten wir: Wieder hat eine von uns einen strategisch wichtigen Brückenkopf besetzt. Mit den Typen würde sie schon fertig werden. Natürlich durfte man die nicht unterschätzen, denn ihre Hausmacht hatten sie bereits durch ihre schiere Anwesenheit bei Tanjas Bewerbungsgespräch bewiesen. Aber dann wiederum kannte ich Michel und Jürgen seit Jahren und wusste: Die kochten doch auch nur mit Wasser.

Es kam jedoch anders. Was beim Vorstellungsgespräch begonnen hatte, setzte sich in der täglichen Arbeit einfach fort: Sie wurde nur so »eine Art« Werbeleiterin; Michel und Jürgen waren ihre Vorgesetzten. Tanjas Ideen und Entwürfe wurden oft bereits in einem frühen Stadium abgeschossen und die meisten ihrer Kampagnen und Werbemittel einfach nicht genehmigt. Binnen zwei Jahren hatte man sie durch Dauerbeschuss, Budgetkürzungen und permanentes Dreinreden so stark entmutigt und entnervt, dass man sich im beiderseitigen Einvernehmen wieder trennte.

Nahezu jede Frau macht diese Erfahrung, ausgebremst und abgehängt zu werden, mehr als einmal in ihrer Karriere. Hat man bei frühen Fehlstarts und späteren Verhedderungen immer noch eine zweite oder dritte Chance, so werden die Möglichkeiten, sich wieder zu fangen, immer seltener, je besser die eigene Position ist und je älter und anspruchsvoller man selbst geworden ist. Mit über vierzig ist die Fallhöhe meist viel größer als noch mit dreißig oder fünfunddreißig, und in diesem Alter will man auch nicht mehr das ewige Stehaufmännchen spielen. Ist man in einem Unternehmen erst mal auf dem Abstellgleis gelandet, kann das sehr leicht schon das Ende des beruflichen Weges bedeuten. Anders als den Jörns dieser Welt fehlt uns das *old boys' network* von einflussreichen Geschlechtsgenossen, das uns weich fallen lässt. Frauen fallen meist sehr hart, und oft wachen sie erst mitten im freien Fall auf.

Nichts als Knochenarbeit

Dann fällt Ihnen vielleicht auf, dass Sie während der Jahre der Plackerei etwas Entscheidendes versäumt oder nicht verstanden haben: Machtspiele.

Beispiel

Tanja hatte zwar gelernt, wie man in Konkurrenz tritt, wie man durchstartet und gewinnt, aber ausgebremst und abgehängt hatten die Jungs sie trotzdem, und zwar durch einen ganz einfachen Trick: Nominell waren Jürgen und Michel ihre Vorgesetzten. Tanjas Erfolge wurden damit zu den ihren, ihr Scheitern hingegen wurde allein ihr angerechnet, denn man hatte sie mit so viel Verantwortung ausgestattet, dass die Männer die Misserfolge weit von sich weisen konnten.

»Pass bloß auf«, hatte Karen Tanja eines Tages gewarnt. »Deine Ideen sind toll, aber diese Typen lassen dich die Knochenarbeit machen, und weil du gut, klug und ehrgeizig bist, hast du alle Energie darauf verwendet, einen ambitionierten Werbeplan vorzulegen, auffällige Kampagnen zu entwerfen und so weiter und so fort.« – »Aber genau das ist doch auch mein Job. Was hätte ich denn anders machen sollen?« – »Mit den Hosenträgern schnipsen.« – »Und was soll das bringen?« – »Sichtbarkeit, Redezeit, Teilnahme an wichtigen Entscheidungen. Du musst mehr Energie in die hausinterne Machtpolitik investieren.« – »Und wer macht in der Zwischenzeit meine Arbeit?«

Ein heikler Punkt und ein wichtiger Grund unter anderem, warum Tanja schneller wieder auf der Straße stand, als sie es sich je hätte träumen lassen.

Frauen bleiben also auch auf den mittleren Hierarchieebenen stecken, weil sie sich für die großen Würfe und Visionen nicht zuständig fühlen und lieber etwas Überschaubares abarbeiten. Dafür bevölkern Männer die Chefetagen in überproportionalem Verhältnis. Auf den mittleren Ebenen erscheinen Frauen kompetenter als an der Spitze; sie geben sich dort nicht so leicht eine Blöße und sind geschützter als in den oberen Etagen, wo ein rauer Wind weht. Dort sind Durchsetzungsfähigkeit, Taktieren, Strategien oft mehr gefragt als die tägliche ordentliche Kleinarbeit. Lieber im Mittelfeld der dicke Fisch als einsam, exponiert und abschussgefährdet an der Spitze, sagen sich viele Frauen, die eigentlich das Zeug dazu hätten, ganz nach oben zu kommen. Merkwürdigerweise sind das oft genau dieselben Frauen, die sich lautstark darüber beschweren, dass man sie nicht nach oben kommen *lässt*. Kaum dürfen sie aber (oder sollen sogar, beispielsweise durch Quoten oder Förderprogramme), dann wollen sie plötzlich nicht mehr. Ihr Zaudern ist ihrer guten Mittelfeldposition geschuldet, wo sie mit einem gehörigen Maß an Deckung ausgestattet sind und nie die ganz große Verantwortung übernehmen müssen. Vor allem hierzulande sind dies keine Einzelfälle, sondern ein branchenübergreifendes Massenphänomen, das zur Folge hat, dass Frauen nur ganz selten oben ankommen und weniger verdienen als die Männer. Deutschland hat im weltweiten Vergleich mit die schlechtesten Zahlen, was den Frauenanteil in Führungspositionen angeht.

Angst vor der eigenen Courage

Eine 2002 in Auftrag gegebene Studie hat gezeigt, dass unter den Führungskräften international agierender amerikanischer Unternehmen 19 Prozent der Männer in eine absolute Top-Position wollten, aber nur 9 Prozent der Frauen. 54 Prozent der Männer im mittleren Management arbeiten darauf hin, ins höhere Management aufzusteigen, aber nur 43 Prozent der Frauen. Es sind also in jedem Segment ungefähr 10 Prozent mehr Männer, die mehr erreichen wollen. Kein kleiner Faktor, wenn man sich als Frau durchsetzen will.

An wem liegt es nun? An uns, weil wir nicht wollen, oder an den Männern, die uns nicht lassen? Vermutlich zu gleichen Teilen an beidem. Auch ganz ohne männliche Konkurrenz schaffen es Frauen in Deutschland, sich selbst so im Weg zu stehen, dass sie es – von einigen bewundernswerten Ausnahmen abgesehen – partout nicht bis ganz nach oben schaffen. Zusätzlich hat eine Umfrage unter berufstätigen Frauen mit einem akademischen Hintergrund hierzulande ergeben, dass sie gar nicht nach oben *wollen*: Jeder zweiten ist das Privatleben wichtiger, ein Drittel erklärt, an Karriere schlichtweg nicht interessiert zu sein, und mehr als ein Viertel der befragten Frauen fürchtet entweder den mit der größeren Aufgabe verbundenen Stress oder die Verantwortung.

»Ja, wenn man euch lässt, dann wollt ihr nicht« ist ein gerne ins Feld geführter Satz, wenn den Frauen die Schuld daran zugeschoben werden soll, dass sie nirgendwo angekommen sind. Sein Wahrheitsgehalt ist leider nicht ganz von der Hand zu weisen. Viele Frauen verspüren nicht den geringsten Anreiz, das Gerangel um Positionen, Gehälter und Beförderungen mitzumachen, und entscheiden sich dagegen. Sie lassen sich entweder bewusst aus der Hierarchie fallen, weil sie bloß bis auf eine bestimmte Stufe kommen möchten, oder sie beschließen ein *opt-out* oder *drop-out*, nachdem sie gründlich ausgebremst wurden. Ihre persönliche Zufriedenheit scheint ihnen Recht zu geben, jedenfalls laut einer britischen Studie, die herausgefunden hat, dass Managerinnen in Großbritannien zwischen 1992 und 2003 von Jahr zu Jahr unzufriedener mit ihren Jobs wurden, die männlichen Kollegen hingegen immer zufriedener. Richtig glücklich waren nur die in Teilzeit arbeitenden Handwerkerinnen und Kunstgewerblerinnen: Bei 19 Prozent von ihnen stieg in den zehn Jahren die Zufriedenheit mit der eigenen Tätigkeit.

Berufsausstieg oder Teilzeit sind für die meisten Männer keine ernst zu nehmenden Alternativen. Männer haben nicht wirklich eine Wahl. Mit Ausnahme einiger weniger spielen sie alle das uralte Spiel um Macht und berufliche Anerkennung *ad infinitum* mit. Sei es, weil sie das schon seit dreitausend Jahren machen, oder aber, weil sie sich noch immer als Ernährer und Versorger sehen – und auch von den Frauen so gesehen werden, aller Emanzipation zum Trotz. Kurioserweise kommt es gerade den Frauen mit einem höheren Bildungsniveau und mit den besseren Jobs gar nicht in den Sinn, dass auch *sie* die alleinigen Versorgerinnen ihrer Familien sein könnten. Sie verlassen sich darauf, dass es da immer die starke Schulter zum Anlehnen gibt – wenn nicht die des Mannes, dann die von Vater Staat.

Up or out

Vielen Frauen wird die Entscheidung, ob sie übers Mittelfeld hinaus nach oben möchten, allerdings auch dadurch abgenommen, dass sie ab einer gewissen Hierarchieebene das *Up-or-out*-Spiel der Männer mitmachen müssen, weil sie sonst aus dem Rennen sind. Wenn eine Frau in dieser Lebensphase Kinder will, dann hat sie automatisch für *out* votiert, auch wenn für sie Beruf und Karriere deshalb nicht minder wichtig sind. Werden die Frauen in dieser kritischen Lebensphase von ihrem beruflichen und privaten Umfeld nicht darin ermutigt, dass beides – Kinder und Karriere – möglich ist, dann läuft hierzulande die Situation ganz oft auf ein Entweder-oder hinaus: Entweder ich hänge meinen Beruf an den Nagel und werde Vollzeitmutter (dann kann ich ja auch gleich noch ein zweites Kind bekommen und schließlich ganz zu Hause bleiben…), oder ich stelle meinen Kinderwunsch ganz hintenan und konzentriere mich nur noch auf mein berufliches Weiterkommen. Nicht für alle Frauen ist das eine so klare und bewusste Entscheidung. Viele müssen eines Tages einsehen, dass sie den richtigen Zeitpunkt für Kinder endgültig verpasst haben.

Zurück auf die Rennstrecke!

Auch wenn wir Frauen uns darauf spezialisiert haben, auf Nebenstrecken auszurollen, stehenzubleiben und einzurosten – wir können jederzeit umdrehen. (Anstelle des ADAC-Engels rufen wir bei Bedarf dann einfach einen Coach an.) Dazu müssen wir nur Folgendes beherzigen:

Wir würden nicht in der Mädchenfalle feststecken, wenn wir das Spiel der Männer dort mitspielen würden, wo es uns voranbringt, und ansonsten darauf pfeifen könnten. Das sagt sich leicht und klingt gut, aber natürlich ist unser berufliches Umfeld so beschaffen, dass es die bestehenden Verhältnisse stützt und schützt. Dem *old boys' network* müssen wir erst einmal etwas entgegensetzen, das genauso wirkungsvoll ist. Das erfinden wir Frauen nicht von heute auf morgen. Aber wir könnten damit anfangen, zum Beispiel durch effektive Netzwerke.

Effektive Netzwerke knüpfen

Wenn drei erfolgreiche Frauen aus der gleichen Branche zusammensitzen und sich obendrein noch gut verstehen, dann ist das schon ein funktionierendes Netzwerk. Suchen Sie aktiv nach solchen kleinen, informellen Netzen, knüpfen Sie selbst welche, aber machen Sie um Gottes willen keine Teestunde für lauter Branchenloser und Berufsneulinge daraus.

Netzwerke lassen sich nicht per Bezeichnung verordnen, sie müssen wachsen. Institutionalisierte Frauenbünde, Frauenbeauftragte oder engagierte Betriebsrätinnen können hier nur bedingt helfen und ein über Jahre und Jahrzehnte geknüpftes Netzwerk nicht ersetzen. Es wäre naiv, das zu glauben und darauf vertrauen zu wollen. Für echtes *networking* sind Kontakte, Kontakte und Kontakte die wichtigsten Voraussetzungen. Und die bekommt man nur über den Beruf selbst, über die eigene Initiative, und sie werden besser und wertvoller, je mehr beruflichen Erfolg man selbst hat. Je mehr Frauen also in führenden Positionen sitzen, desto eher können echte Netzwerke entstehen.

Ein Problem der meisten Frauennetzwerke besteht darin, dass die dort geführten Diskussionen den geschlossenen Zirkel nicht verlassen. Man muss Themen wie Karriere, Führung, Gleichberechtigung jedoch in die Öffentlichkeit tragen oder in den Unternehmen weiterdiskutieren und umsetzen. Wenn dies nicht geschieht, dann ist so ein Frauenverein schnell zu einer Institution geworden, wo man über die eigene Misere im Kollektiv jammert. Erfolgreiche Frauen haben in der Regel Besseres zu tun, als solchen Versammlungen beizuwohnen. Die Zeit arbeitet jedoch für uns, und entgegen einer häufig geäußerten Befürchtung werden die weiblichen Führungskräfte auch nicht alle zu Männern mutieren und die Belange von Frauen in dem Moment vergessen, wenn sie einen Chefsessel unterm Hintern haben. Um nachrückende Männer, egal wie fähig oder sympathisch wir sie finden, brauchen wir uns nicht zu kümmern, denn dafür finden sie immer *buddies* vom eigenen Geschlecht. Was läge also näher, als dass wir anderen Frauen helfen? Netzwerken ist eine ebenso lohnende wie anstrengende Arbeit, wenn man sie ernsthaft betreiben will. Hat man zu einem funktionierenden Netz erst einmal Zugang bekommen oder selbst eines etabliert, dann wird es sich nur durch permanentes Geben und Nehmen am Leben erhalten lassen. Wer nur mit Forderungen und einer Anspruchshaltung daran beteiligt sein will, hat nicht verstanden, worum es geht.

Tratschen mit Verstand

Man muss Kontakte pflegen, sich für andere Frauen, ihren Werdegang und ihre Jobs ernsthaft interessieren und im richtigen Moment die talentierte ehemalige Praktikantin an die händeringend eine tüchtige Assistentin suchende Kollegin bei der Konkurrenz vermitteln. Es zahlt sich aus. Denn bei nächster Gelegenheit wird man Ihnen sagen, wann und wo demnächst eine interessante Stelle neu zu besetzen ist, und zwar schon Wochen, bevor jemand anderer davon Wind bekommt. Wichtig ist, dass man auch seine eigenen Informationen mit äußerster Diskretion behandelt und sie nur gezielt weitergibt. Und alle Netzwerkenden müssen sich an die meist nicht ausgesprochenen Regeln halten. Dazu gehört, dass man nach einem Informationsaustausch nicht am nächsten Tag in die Firma saust und dort das zuvor Gehörte munter ausplaudert oder es sich für einen rein egoistischen Zweck zunutze macht.

In zwanzig Jahren Berufstätigkeit habe ich die Erfahrung gemacht, dass Männer die weitaus größeren Tratschtanten sind und selten ein Geheimnis für sich behalten können. Insbesondere die alten Säcke scheinen mit beginnenden Prostatabeschwerden auch zugleich an einer gewissen Wortinkontinenz zu leiden, die sich besonders dann fatal auswirkt, wenn sie mit einem schlechten Gedächtnis einhergeht. Merkwürdigerweise fehlt Männern auch jedes Gespür dafür, wem man was besser nicht erzählt, weil die wieder den kennt, der dann den und so weiter. Nur so ist es zu erklären, dass Männer immer aus allen Wolken fallen, wenn zwei aus derselben Firma oder Branche ein Paar sind: »Ich wusste gar nicht, dass die sich *kennen*!« oder wahlweise: »Seit wann ist der denn *schwul*?« Die Ahnungslosigkeit und Vergesslichkeit der

Männer müssen wir uns zunutze machen, indem wir ihnen solche Dinge nicht weitersagen, ihren Klatsch hingegen auf Wissenswertes hin auswerten und uns dieses gut merken. Das gibt uns einen Informationsvorsprung, und den können wir immer gebrauchen.

Frauen sollten sich aber nicht nur die männlichen, sondern auch ihre weiblichen Verbündeten sehr genau aussuchen, denn so traurig das sein mag, so logisch ist es halt auch: Nicht jede Frau eignet sich zum Netzwerken. Die eine hat den Chef verführt und glaubt, im ganzen Leben nie wieder auf andere Frauen bauen zu müssen; die andere denkt immer noch, dass sie es am ehesten schafft, wenn sie alles genauso macht wie die Männer, über ihre Witze lacht, mit ihnen samstags ins Fußballstadion geht und erst vor der Bordelltür erschrocken innehält. Egal welchen Ansatz man wählt: Hauptsache, die Mehrzahl von uns tickt richtig und wir besetzen in Zukunft die Chefetagen im größeren Proporz als bislang.

Gekommen, um zu bleiben

Erfreulicherweise gibt es erste Anzeichen, dass die Altherrenriege bald ausgedient haben könnte. Zum einen erledigt sich das Problem biologisch, und zum anderen gibt es unter den nachwachsenden *buddies* tatsächlich vereinzelte Exemplare, die nicht in jeder Frau bloß ein Mädchen sehen, sondern in erster Linie eine ebenbürtige Kollegin, mit der es zusammenzuarbeiten, die es zu fordern und zu fördern gilt. Ja, gut, diese grandiosen Ausnahmemänner kann man im erweiterten Umfeld noch an einer Hand abzählen, und auf jeden von ihnen kommt mindestens einer, der wiederum einen ganzen *boys' club* im Gepäck hat. Aber zumindest sollten wir die hoffnungsvollen Männer in ihrem Verhalten bestätigen, indem wir ihnen zeigen, dass sie mit uns rechnen müssen, aber auch auf uns vertrauen können. Wir sollten daher dringend aufhören, ihnen mit der Barbienummer zu kommen oder sonstige Tricks aus der Mädchenmottenkiste zu bemühen.

Zudem ist es der Generation der fünfunddreißig- bis fünfundvierzigjährigen Frauen in den letzten Jahren gelungen, ein paar wenige, aber strategisch wichtige Brückenköpfe zu besetzen. Natürlich ist das von Branche zu Branche unterschiedlich, aber meine gibt derzeit Anlass zu zarter Hoffnung. Aus vielen der ehemaligen Volontärinnen, Lektoratsassistentinnen und Lektorinnen sind in den letzten Jahren Cheflektorinnen, Programmleiterinnen und Verlegerinnen geworden. Wir halten ohne verordnete Solidarität bei aller Individualität und Idiosynkrasie meistens irgendwie zusammen, da wir alle begriffen haben, dass wir uns für die Erfolge anderer Frauen interessieren und uns gegenseitig unterstützen sollten. Hämisch das Scheitern anderer Frauen zu kommentieren, damit man sich selbst besser fühlt, war tatsächlich einmal recht beliebt, bindet aber Energien an der vollkommen falschen Stelle und führt schließlich nur ins Abseits.

Frauen sind flexibler

Sehr zupass kommt uns Frauen derzeit unsere seit langer Zeit eingeübte Flexibilität. In den vergangenen Jahrzehnten mussten wir mit allem, was man uns vorgesetzt oder an die Seite gestellt hat, irgendwie klarkommen: ältere, jüngere und gleichaltrige Frauen und Männer. Die *old boys* hingegen sind seit Urzeiten nur auf andere Männer auf Augenhöhe abonniert, was ihre Wahrnehmung jahrzehntelang stark einschränkte. Jüngere Geschlechtsgenossen wurden von ihnen im Sinne der Hackordnung vereinnahmt, während alles, was weiblich war, dauerhaft zu »Mäuschen«, »Mädchen«, Praktikantinnen, Sekretärinnen oder Sachbearbeiterinnen erklärt wurde.

Solange der *boys' club* funktioniert, mag das sehr praktisch für die alten Herren sein. Aber durch ihre bräsige Borniertheit verlieren sie allmählich den Anschluss an die jüngere (weibliche) Generation und damit an die Leute, mit denen sie bereits jetzt, spätestens aber in fünf oder zehn Jahren Geschäfte machen oder Lobbys bilden müssen, um selbst im Rennen zu bleiben. Würden nur Männer nachwachsen, wäre das alles kein Problem, und das Spiel könnte für die Kerle so weiterlaufen wie in den letzten paar hundert oder tausend Jahren, aber es wachsen überall auch junge Frauen nach. Dies geschieht zwar nicht in allen Branchen gleichermaßen stark und auch noch nicht so kontinuierlich, wie es sollte, aber in den mittleren Ebenen und den Führungsetagen einiger Unternehmen lassen sich bereits veränderte Muster entdecken. Die neuen Strukturen und Seilschaften, die dabei entstehen, werden den *old boys* zu schaffen machen. Da sie Flexibilität nie gelernt haben und ihr betoniertes Weltbild nicht zu ändern vermögen, ist ihr Untergang so gut wie sicher. Wir hingegen, wir sind gekommen, um zu bleiben.

Raus aus der Mädchenfalle!

Vielleicht gelangen wir aus der Mädchenfalle leichter wieder heraus als wir glauben, und zwar gerade weil wir so bereitwillig und größtenteils selbstverschuldet hineingestolpert sind. Die Mädchenfalle sieht für jede einzelne Frau ein wenig anders aus. Die eine ist zu unentschlossen, die andere zu orientierungslos, die dritte zu nett, und die nächste gibt zu schnell auf. Zusammengenommen wollen wir meist zu wenig, und wenn wir mal mehr wollen, dann das Falsche. Hier schafft tatsächlich eine gründliche Durchleuchtung der eigenen Verhaltensweisen und eine anschließende Kurskorrektur Abhilfe. Wer es nicht alleine und mit der einschlägigen Fachliteratur schafft, kann bei anderen Frauen Unterstützung suchen oder sich sogar professionell coachen lassen. Es hilft uns, wenn wir im Beruf weibliche und männliche Vorbilder zulassen, uns an ihnen orientieren und uns gegen negative Exemplare – egal, welchen Geschlechts – bewusst und deutlich abgrenzen. Von beiden können wir lernen.

Wir können wirklich cooler als die Kerle werden, wenn wir unseren Quatsch bleiben lassen, ohne ihren anzunehmen. Also keine Opferhaltung mehr, kein defensives Verhalten, kein Beleidigtsein, keine falsche Betriebsamkeit und unangebrachte Hektik. Aber auch Schluss mit der falschen Bescheidenheit und der Angst vor der eigenen Courage. Das alles, ohne das prähistorische Zooverhalten der Männer zu übernehmen, also keine Längenvergleiche, kein Imponiergehabe, kein An-den-Baum-Gepinkle, kein Brusttrommeln, kein Stimmeerheben und Gebrüll.

An den viel beschworenen weiblichen Stärken wie Kommunikationsfähigkeit und Einfühlungsvermögen ist ja tatsächlich was dran. Und die meisten von uns haben diese Stärken wirklich, nutzen sie aber falsch, sodass wir damit in der typisch weiblichen Sackgasse vom »netten Mädchen« enden, während Männer plötzlich Managerqualitäten haben und uns weit hinter sich lassen. Dabei könnten wir doch unsere Stärken paaren mit Dingen, die wir uns bei ihnen abgucken: Coolness, Zusammenhalt, Zielführung. Wir sollten Konkurrenzsituationen meistern lernen und Konfrontationen aushalten. Wer im Beruf bestehen will, muss die rosarote Barbiewelt mit ihren manipulativen Mätzchen weit hinter sich lassen und schleunigst die Spiele der Kerle erlernen, und sei es nur, um sie zu durchschauen und zu unterlaufen. Verhalten wir uns – wo es angebracht ist – solidarisch gegenüber anderen Frauen und fördern sie, auch wenn wir erst noch lernen müssen, was das wirklich bedeutet. Setzen wir doch unsere vielen Talente dafür ein, endlich Land zu gewinnen. Es liegt einzig und allein an uns, ob wir aus der Mädchenfalle rauskommen.

Begreifen Sie Erwachsensein als Herausforderung. Oder, wenn das nicht hilft, als eine Rolle, die Sie spielen. Oder einfach als großen Spaß.

Volker Kitz, Manuel Tusch
Das Frustjobkillerbuch
Warum es egal ist,
für wen Sie arbeiten

2008, 252 Seiten
ISBN 978-3-593-38666-9

Mach den Job, den du hasst, zu dem Job, der dir passt!

Stellen Sie sich vor, der Job, den Sie haben, ist der beste, den Sie kriegen können. Meckern zwecklos! Volker Kitz und Manuel Tusch behaupten: Unsere Erwartungen an den Job sind einfach viel zu hoch – eine andere Stelle mit mehr Gehalt oder Verantwortung wird uns nicht glücklicher machen. In ihrem Buch zeigen die beiden Coaches ganz konkret, wie man den eigenen, nervenden Berufsalltag ändern und verbessern kann. Um nicht immer wieder und bei jedem neuen Arbeitgeber auf die gleichen Grundprobleme zu stoßen, sondern erfüllter und glücklicher mit seiner Arbeit zu sein.

Mehr Informationen unter
www.campus.de

Frankfurt · New York